老宅改造師
Hiro
著

U0042191

翻你的老屋

教你從買屋、翻修前準備到基礎工程細節一次搞懂

Contents 目錄

推薦序

考慮買新成屋還是等都更重建呢？隨著都市的密集發展，許多人面臨這樣的選擇。都更需要花費很長得時間，對於無法等待與面臨新屋房價的高漲，老屋翻新的確是一個不錯的選擇。然而，老屋翻新不僅僅只是對房屋進行裝修，更涉及房屋的結構與安全。

本書作者景宏以其豐富的實務經驗和專業知識，介紹老屋翻新前的準備工作，初步評估、設計規劃到實施步驟，每一個環節都經過仔細的探討。可以幫助讀者面對老屋翻新時，讓他們在翻新過程中給予一些重要提示，在對的地方花錢，達到事半功倍。

書中強調，老屋翻新前的準備是成功的關鍵。從初步的結構安全評估，到對材料的選擇，再到施工排程的制定，每一步都攸關品質與安全。尤其台灣未來即將邁入淨零碳排，使用在地生產的環保綠建材與輕量裝修將是趨勢，書中提出多種翻新工程的案例，有效提升居住舒適度，保護居住者的健康，避免翻新後因溢散出有毒物質，導致室內空氣不佳，反而變成危害健康的疑慮。

此外，書中還特別介紹了老屋翻新過程中可能遇到的挑戰與應對策略，讓讀者不僅能夠學到豐富的翻新知識，還能感受到作者對老宅文化的熱愛以及居住環境的關懷。相信本書能夠為廣大讀者提供寶貴的參考和啟示，使更多的老宅在經過翻新後，煥然一新，成為健康舒適的宜居空間。

《翻你的老屋：教你從買屋、翻修前準備到基礎工程細節一次搞懂》是一本內容豐富、實用性強的好書，值得推薦給每位對老屋翻新和室內裝修有興趣的讀者細細品讀。希望本書能夠幫助更多人實現他們對理想居住環境的追求，讓我們的生活空間變得更加舒適與健康。

台灣建築診斷協會理事長 曾婷婷

作者序

購屋一向是許多人的終極目標。經濟能力較佳者傾向選購新成屋，預算有限則會選擇中古屋。不論是新成屋或中古屋，皆可能會遇到房屋瑕疵及裝修爭議，這在網路新聞中屢見不鮮。這些問題往往源於價格不透明、偷工減料，甚至是工程款項超收或工程進度延遲，最糟糕的是承包商最後不了了之，這些經歷都是從實際案例中學習到的。

因此，我決定結合在裝修行業積累的 20 年經驗以及團隊的專業，透過社群媒體動態和書籍圖文，將複雜的裝修流程簡化並賦予趣味性，讓初次接觸裝修的朋友們，也能輕鬆理解設計師與工班的專業用語，以減少糾紛的發生。

許多家庭都有過漏水或跳電的困擾，遇到問題時卻不知如何解決，即使請來師傅修理，往往也難以根治；看到維修報價單後更是讓人嚇一跳。因此有些人會選擇視而不見，但這如同患病不就醫，問題只會越來越嚴重。曾經見過拆除後，發現樓板整塊水泥剝落、鋼筋嚴重鏽蝕，最終不得不將樓板打掉重做，改用鋼骨結構重新灌模。事實上，只要對症下藥，情況並非無法挽回。

老屋翻新一直是一個棘手的問題。許多建築師和室內設計師對此避之唯恐不及，因為不可預測的問題往往導致裝修過程中不斷追加項目，業主的預算也因此嚴重超支，糾紛由此產生。將老屋翻新的重點劃分為結構補強、給水管材配置、用電安全和格局變更四大項目，一次性解決問題，確保最高的居住安全。將裝修過用影片記錄下來，讓雙方都能留下美好的回憶。

我喜歡用數據科學的方法來向業主展示如何解決房屋問題。隨著時代的變遷，建材不斷進步，一直在尋找最適合老屋改造的新材料。致力於讓老房子重獲新生，延續家庭的情感連結，這是對行業的使命。對於裝修工作，重要的不僅是向他人證明，更重要的是能對得起自己的良心。熱愛裝修工作，享受其中並保持熱情。可能不是業界最出色的人，但團隊絕對是最用心的。這本書希望能幫助大家理解老屋翻新的注意事項。

住得舒服，家就幸福。

Chapter 1

還在考慮新成屋或等都更嗎？

「我到底該買新成屋還是老屋來翻新？」

在這個篇章我們整理了不論是選擇購入新成屋還是老屋，或是到底要不要等都更？你將會遇到的各種問題以及需要注意的要點，幫助你更清晰且明確地找到屬於你最好的選擇。

PART 1

買房該買哪種？

房屋型態種類多，許多屋主在買房時都會看個幾十間甚至上百間，不過在尋找自己心儀的屋型前，可能需要先釐清好方向，同樣的預算可以做的選擇有哪些？從預售屋與新成屋到中古屋公寓至透天，在特性上有很大的不同，本篇淺談買房該注意的事項與細節，以下是我做的重點整理。

Point 1. 台灣市場房屋類型

在開始討論裝修之前，我們先來看台灣目前的房屋類型，不同的房型，衍生出的狀況也會不同。**以台灣來說的房型主要可以分為以下幾種：**

1. 公寓

台灣普遍公寓是 4～5 層樓，沒有電梯的住宅，且屋齡基本落在 20 年以上，就是我們翻修客戶中，最常見的老屋類型。特色是沒有公共設施、不需要管理費，房屋實際坪數不會被公設所占。在裝修上，因屋齡普遍較高，需要全面的翻新來整治，局部翻新較無法根治許多的老屋問題。

2. 華廈

華廈為不超過 10 層樓且有電梯的住宅，大部分沒有公共設施、有管理費但不會比大樓來的多。在裝修上，可能需要提早通知管理室、注意規範，若無管理室，如遇問題可能尋找住戶代表或里長協調。

3. 大樓

超過 10 層樓以上的電梯住宅，華麗大廳、中庭花園、地下停車場、管理室、健身房、游泳池、閱讀室，電影院、瑜珈教室、烹飪教室，依照大樓規模配置多樣化公共設施。公設比較高，管理費普遍較高，裝修時需要依照管委會規範進行，必須配合社區規定。

4. 透天

獨棟建築，也可稱為別墅，以 3～4 樓為最常見，郊區或鄉鎮較常見。在裝修上，由於裝修範圍大且全面，費用上會高出一般住宅許多，例如全棟的防水工程等。

上／大樓住宅公設比高、也需要負擔管理費。**左下**／公寓因為沒有公設，可用坪數較為實在。**右下**／透天住宅翻修上需注意較多細節。

Point 2. 買房類型

台灣市場買房類型可分為預售屋、新成屋、中古屋等類型。依照需求預算,以及未來 5～10 年的經濟負擔與生活品質,選擇合適的物件,以下統整各類型優缺點,在選擇前有更多參考方向。

1. 預售屋

預售屋指的是尚未完工,預先銷售的房屋,建商取得建築執照之後,不論建案開始動工與否,可以依照法規進行銷售。因為還沒開工或是尚未完工,沒有實體的房屋可以參觀,有些建商可能會特別安排實品屋做參觀,通常於接待中心進行銷售,包含建築模型與格局圖。買家可提出需求調整部分設計與格局。

相較新成屋必須有足夠資金給付頭期款,預售屋的分期付款方式對於年輕人或是小資族來說更是第一次置產的熱門選項,相對應的許多〔看不見〕的風險因子更是要納入考量,相關新聞報導指出,工地失火、建商工法不當甚至到工安意外等都會影響消費者的購買意願,更不用說建商經營不當或失利宣布倒閉,在首次購屋的朋友們必須了解以下幾種保障方式:

五種履約保障方式一次看

· 價金返還

被認為是對消費者來說「最安全、有利」的履約保證方式。是由第三方金融機構保管價金,當完工交屋、產權過戶後,建商才能動用消費者在最開始所支付的款項。

· 價金信託

設立「專款專用帳戶」,將消費者所支付的錢由信託機構或是銀行保管,信託機構再依照房屋的施工進度按階段撥款給建商。

Tips __需注意建商於每個工程階段所交付的款項比例,還有在後續隨時掌握信託價金支付與工程進度是否落實。

· 不動產開發信託

與價金信託類似,同樣是透過專款專用帳戶,把預購款項交由信託機構或銀行保管,再依照房屋的施工進度,分階段撥款給建商。不同的地方在於此項財產來源不只是消費者購屋的資金,還包括建商的銀行融資、土地、興建資金等。

Tips __ 上述價金信託、不動產開發信託皆是預防建商挪用建案資金並且專款專用，不過一旦遇到建商倒閉爛尾的狀況都無法保證消費者能夠 "全額退款"。

・**同業連帶擔保**

由同業且規模及資本額相當的非關係企業連帶擔保，其中一間建商在完工前倒閉，那消費者就可以要求另一家擔保的建商負起完工之責。值得注意的是如果倒閉是因為景氣關係，在同規模擔保的建商說不定也會面臨相同的困境。

・**公會辦理連帶保證協定**

公會辦理連帶保證協定是由加入不動產開發同業公會的協定公司做擔保，與同業擔保相同有第三方保證人做完工擔保，相較價金返還、價金信託、不動產開發信託由於專款專戶及信託機構這些保護傘，保障略顯不足。

預售屋履約保證	價金返還	價金信託	不動產開發信託	同業連帶擔保	公會辦理連帶保證協定
說明	第三方金融機構保管償金	信託機構保管價金，依照房屋的施工進度，分階段撥款給建商	信託機構保管價金、興建資金等，依照房屋的施工進度，分階段撥款給建商	建商可自由運用價金，由同業同級公司相互連帶擔保	建商可自由運用價金，加入連帶保證協定的公司來擔保
專戶專款	有	有	有	無	無
賠償方式	全額退還	依工程進度與契約內容	依工程進度與契約內容、視契約內容有續建機制	由保證公司繼續完成建案	由公會協定公司繼續完成建案

預售屋履約保證方式比較

履約保證方式	價金信託	不動產開發信託
信託資產	買方支付的價金	買方支付的價金、土地、銀行融資、建商自有資金等
資金用途	工程款	工程款、管銷費、貸款本息、合建保證金等
監管機制	受託機構	通常會另請建經公司監督、實地視察工程進度

名詞小百科　何謂「預售屋履約保證」？

2011 年 5 月政府［強制規定］購買預售屋的契約中一定要有以下列舉的其中一項履約保證，在交易預售屋時保障買方權益，確保建商能夠按照預售屋買賣契約的相關內容交付給買方的機制。

預售屋優缺點一覽

優點	缺點
· 頭期款不足，按照工期繳款。 · 可優先選擇自己希望的樓層及戶別。 · 對物件增值有興趣的投資者。 · 可進行客變，決定室內風格設計走向。 · 貸款成數較高，平均為 70%～85% 不等。	· 僅依照平面圖及模型、樣品屋來決定購入。 · 建築及建材品質未知。 · 區域發展不如預期，導致投資失利。 · 鄰里關係及管理委員會制度不明確。 · 建商未依照工期施工，嚴重甚至倒閉爛尾。 · 契約內容繁多，易藏爭議契約內容。 · 完工後視野與周圍環境跟想像有落差。 · 限制換約轉售。

名詞小百科　關於「限制換約轉售」

根據平均地權條例第 47-4 條，預售屋之買賣契約，買受人僅能讓與或轉售給配偶、直系或二親等內旁系血親，或其他經中央主管機關公告得讓與或轉售之情形並經直轄市、縣（市）主管機關核准的特殊情形。建商不可以擅自同意或協助契約讓與或轉售，違規者皆可按戶（棟）處罰新臺幣 50 萬至 300 萬元。

預售屋禁止換約生效日
平均地權條例與其相關子法於（112）年月 1 日正式上路，內政部亦於 6 月 15 日公布預售屋及新建成屋買賣契約讓與或轉售審核辦法，並為保障民眾權利，不溯及既往但嚴格限縮預售屋換約轉售的情形。

Tips __挑選預售屋時可以挑選已成熟之建商品牌或是觀察鎖定建案之建商，是否在該區域有成功案例、論壇討論區搜尋建商的評價，綜合評估後再購入。

2. 新成屋

新成屋指的是建案已經完工，預售後的剩餘
戶數；完工尚未售出的房屋；屋齡 2 年內，
沒人住過的房屋，不過近年來市場上許多建
商也開始採用成屋銷售的模式。

新成屋優缺點一覽	
優點	**缺點**
· 頭期款足夠，一次付清即刻入住。 · 看的到摸的到眼見為憑，瑕疵可直接判斷。 · 社區管理及鄰里透明。 · 公設現況可以清楚檢視。 · 結構與管線相較於中古屋有更長的使用年限。	· 無法客變，須按照一般裝修調整自身需求。 · 相較預售屋較難選擇喜歡的樓層及座向。 · 與預售屋不同，即便是剛蓋好的新成屋，可能都會因在建造時期的房價漲幅所影響購入的價格。 · 區域行情清晰穩定，增值評估較為保守。

3. 中古屋

中古屋是房屋買賣市場上，房屋經過一次以上的轉手買賣，或興建完工已領取使用執照超過三
年以上之房屋，即是中古。中古屋屋齡多半較高，通常價格較低。

屋齡為 20 年以上，房屋經歷了多年的自然
老化、地震等等影響，房屋內外有可能產生
許多瑕疵。在買中古屋時要特別留意以下幾
點：

· 配電量不足，需加大配置。
· 水管長年侵蝕，內部生鏽、漏水問題。
· 漏水導致壁癌，嚴重可能出現鋼筋鏽蝕。
· 外牆滲水或水錶漏水，頂樓防水層失效，

頂樓地板有植栽，根系產生裂縫，導致天花板漏水

- 早期建商使用不合適建材，導致房屋隱憂，如：海砂屋 - 氯離子超過法定標準值（0.3kg/m³）、牆壁及天花板混凝土剝落、鋼筋外露鏽蝕。
- 鋁門窗老舊，可能產生變形易破壞、滲漏水、隔音不足等問題。
- 地面不平整、磁磚膨拱、房屋傾斜。
- 物件若有前屋主裝修過的痕跡，遮蔽住的部分可能隱藏著屋況瑕疵的風險。

📖 名詞小百科　海砂屋

「海砂屋」，正式名稱叫「高氯離子鋼筋混凝土建築物」。主要是指建商在興建房屋時，使用來拌合混凝土的砂是「海砂」而非正常使用的「河砂」，導致混凝土拌合使用的砂中含有「過量的氯離子」。

氯離子含量檢測
- 1994 年：小於 0.6 kg/m³
- 1998 年：小於 0.3 kg/m³
- 2015 年：小於 0.15 kg/m³

也就是說，現在只要建築物每 1 立方公尺的混凝土中含有 150 公克以上的氯離子，就可以稱為「海砂屋」！

中古屋優缺點一覽

優點	缺點
· 頭期款足夠，一次付清即刻入住。 · 看的到摸的到眼見為憑，瑕疵屋可直接判斷。 · 社區管理及鄰里透明。 · 公設現況可以清楚檢視。 · 因公設比低，坪效使用大上許多。 · 中古屋的建造時期較早，大多數集中在人口稠密處，生活機能較完善，房屋型態多元。	· 同新成屋，相較預售屋而言，無法像預售屋一樣可客變，須按照一般裝修調整自身需求。 · 若希望購入偏好的房屋，較難像預售屋可選擇自己喜好的樓層與座向。 · 貸款成數依照屋齡、屋況而定，頭期款壓力較大，需準備充裕資金來購入中古屋。 · 中古屋交易行情的高低，通常是看地段與公共設施例如捷運、商圈、都更機會，屋況除非到危及人身安全，否則不太會影響到購入價格。 · 可能有隱藏性屋況瑕疵，部分前屋主賣出前會簡易整理，實際屋況可能不如預期。

買中古屋小撇步

· 資料蒐集

看到自己喜歡的房屋時先別急著約看，先了解詳細地址後於網路上搜尋該社區，或是附近是否曾經有過新聞報導或案件，例如本身不是凶宅但是是同一個社區，來避免賣家或是仲介隱匿在資訊不對稱的狀況下購買。

· 環境勘查

我們可以從樓梯間或是電梯間看到許多端倪，比方說樓梯間是否有擺放雜物、樓梯地板是否有妥善維護、通往頂樓的出入口是否順暢、梯間是否有壁癌現象、頂樓正上方有無盆栽雜草與水錶水塔、外牆是否有青苔及磁磚脫落、雨遮是否完整、地板有無傾斜以及違建狀況，以上皆有可能反映出社區內的住戶，對環境及公設的維護是否有共識，漏水與違建也可能產生修繕與養護的費用，以及可能需拆除的風險，若是中間樓層也需要注意上下樓層是否有封起或是外推，此狀況有可能不利於未來施工的動線，比方說外牆要做防水，但是頂樓上方有違建無法吊掛蜘蛛人施工，正下方平面道路也有增建吊車吊臂角度及深度不夠等，都是會讓後續施工費用疊加，或是無法施作的狀況產生。最後還有許多老公寓有陽台外推，你買到的或是樓上的外推，材質結構是否安全穩固，遇過比較危險的狀況是，屋主為了增加使用面積，打除結構牆做了外推的空間，外推結構看似賺到使用面積，但卻破壞原有建築結構，地震來臨或年久失修的話，絕對是優先損壞的位置，危害到鄰居或是行人更是得不償失，所以買屋停看聽，不要因為貪一點小空間，導致後續需用高昂的費用恢復原況修繕，或是買到在這種物件的下方樓層，運氣不好整個樓上陽台垮下來都是有可能的！

左／如果是老屋頂樓，要留意上方是否有盆栽雜草或是水表。**右**／購入前須仔細檢查房屋狀況，此圖為購入頂樓時發現，屋頂集水槽故障導致雨水倒灌於樓板，導致屋內天花板滲漏。

頂樓地板有植栽，根系產生裂縫，導致天花板漏水
- 早期建商使用不合適建材，導致房屋隱憂，如：海砂屋 - 氯離子超過法定標準值（0.3kg/m3）、牆壁及天花板混凝土剝落、鋼筋外露鏽蝕。
- 鋁門窗老舊，可能產生變形易破壞、滲漏水、隔音不足等問題。
- 地面不平整、磁磚膨供、房屋傾斜。
- 物件若有前屋主裝修過的痕跡，遮蔽住的部分可能隱藏著屋況瑕疵的風險。

名詞小百科　海砂屋

「海砂屋」，正式名稱叫「高氯離子鋼筋混凝土建築物」。主要是指建商在興建房屋時，使用來拌合混凝土的砂是「海砂」而非正常使用的「河砂」，導致混凝土拌合使用的砂中含有「過量的氯離子」。

氯離子含量檢測
- 1994 年：小於 0.6 kg/m3
- 1998 年：小於 0.3 kg/m3
- 2015 年：小於 0.15 kg/m3

也就是說，現在只要建築物每 1 立方公尺的混凝土中含有 150 公克以上的氯離子，就可以稱為「海砂屋」！

中古屋優缺點一覽

優點	缺點
· 頭期款足夠，一次付清即刻入住。 · 看的到摸的到眼見為憑，瑕疵屋可直接判斷。 · 社區管理及鄰里透明。 · 公設現況可以清楚檢視。 · 因公設比低，坪效使用大上許多。 · 中古屋的建造時期較早，大多數集中在人口稠密處，生活機能較完善，房屋型態多元。	· 同新成屋，相較預售屋而言，無法像預售屋一樣可客變，須按照一般裝修調整自身需求。 · 若希望購入偏好的房屋，較難像預售屋可選擇自己喜好的樓層與座向。 · 貸款成數依照屋齡、屋況而定，頭期款壓力較大，需準備充裕資金來購入中古屋。 · 中古屋交易行情的高低，通常是看地段與公共設施例如捷運、商圈、都更機會，屋況除非到危及人身安全，否則不太會影響到購入價格。 · 可能有隱藏性屋況瑕疵，部分前屋主賣出前會簡易整理，實際屋況可能不如預期。

所以，經過重新整理的屋況，最容易被忽視的問題就是漏水這點，消費者們可以透過觀察窗台周圍、管線分佈、雨遮、以及室內用的到水源的地方作勘查重點，這在後續整治漏水的篇章會提到，不過必須提醒大家，漏水的處置是有難易度的，全面翻新可以透過基礎工程的重建來解決大部分的漏水問題，唯獨一個地方最為棘手就是管道間漏水！管道間又或者是公共幹管裡面會有漏水狀況的管線如下：

・ 室內排水管

室內排水管主要用於收集和排放建築物內的廢水，例如來自廁所、浴室和廚房的廢水。

・ 室外排水管

室外排水管負責將室內排水管系統收集到的廢水排放到外部的下水道或者處理設施。

・ 雨水排水管

雨水排水管主要用於收集和排放屋頂和地面的雨水，並將其引導到雨水溝或其他排水系統。

正因為管道間及公共管線屬於整棟建築物的公共空間，在漏水有需要修繕時，即便屋主有意願想處理這個問題，但不是每個住戶都會願意配合修繕及費用負擔，甚至發生管委會與住戶間互踢皮球的狀況，實務面來說，處置方式時常不得不使用治標不治本的方法修繕，所以買屋的各位切記這個重點喔！

左／室內水管漏水可透過裝修改善，但如果位於管道間，可能會有不同樓層的漏水問題。**右**／購入房屋上方為頂樓水錶處。

📖 名詞小百科　現況交屋

契約簽訂時，房屋（包括主建物、附屬建物、公設以及水電力、瓦斯配管設施是否可接通）具備通常效用或預定效用的狀態交付給買方，除了海砂屋和輻射屋之外。換句話說，買方接受的是房屋當時的實際狀況，而非理想或完美的狀態，有屋況瑕疵的狀況下都直接做現金折讓為主，只要賣方有如實揭露房屋實情較不易有後續糾紛，買房時要做足功課、看仔細，通盤了解才不會吃虧！

Hiro 的老屋課筆記

明明新成屋比較好，為什麼還要老屋翻新？

其實每個人的裝修動機都不盡相同，但為什麼老屋翻新這個選擇會這麼熱門，很大的原因都是源自於新成屋的高總價、高公設比及室內使用空間無法滿足自身需求，同樣的使用空間以老屋來說可能花費 900 萬買下 30 坪的房子，在新成屋可能只剩下 20 坪，最後又因為建商規劃的空間分配，無法有效的利用甚至感受到壓迫，都是現在年輕人選擇老屋翻新的原因，然而這只是其中一個考慮方向而已，我們整理了幾個常見的考量點，你是不是也這麼想的呢？

大樓很方便，功能齊全還有管理員，但 .... 真的太貴了

公寓：4～5 層、未設電梯的住宅，公設比約為 8%～15%。
華廈：7～10 層樓，有電梯，公設比約為 15%～20%。
社區：10 層樓以上，有電梯，因建築法規規範，公設比約為 30% 以上。

公設與公設比是絕對要清楚的觀念，假設你買進 30 坪的房子，實際居住的空間只有 20 坪，消失的 10 坪就是你的公共設施，雖然說即便是老公寓或是稍微有一點年份的社區大樓同樣也有公設，但都還是在可以接受且負擔的範圍之內，畢竟不是每個人都對各項公設有強烈需求，反之換成更大的室內坪效可以換到更好的空間利用。

如果要買老屋的話，上述的情況就要多考量，不是說不能購買，而是購買前希望大家都有做好心理準備，許多問題是可以透過老屋翻新、格局調整來完善，當然剛好遇到非常喜歡的中古屋，地理位置還有格局都很棒的話，預算上有所準備也是沒問題的，希望大家購買之前多多累積看房次數，在準備充足的狀況下購屋，才能保持您的生活品質，安心的入住。

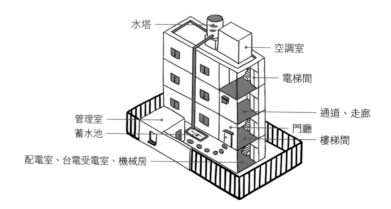

📖 名詞小百科　　公設

大樓住戶共同使用的部分，簡稱公設，一般分為大公與小公。大公是指大樓公共建築的一部分，是「全體住戶」必須共同使用的空間，比如電機室、防空避難室、健身房、屋突等等；小公則是指「部分住戶」共同使用的空間，如各樓層的電梯、樓梯間。

買屋時大意，整間老屋已被前屋主亂改一通

購買中古屋的隱藏預算的主要原因之一，就是你買到一間格局被更改過且涉及違建的物件，我常遇到屋主說，被改沒關係啊？有改好比較重要，而且前屋主改的我很喜歡，在這要跟各位讀者慎重說明！買房時一定要問是否有更改過室內配置，舉凡廚房位於增建之上、陽台外推、衛浴有墊高情況等，日後在合法裝修的過程可能都需要調整或是花錢做使用執照變更，所以並非買到賺到，而是買到負擔！

 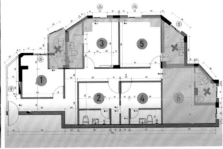

左／廚房、衛浴位於增建之上（白色框線），日後裝修需要復原。**右**／衛浴墊高是移動過管線而導致，可能並非在原始位置。

PART 2 | 都更從整合到改建完成需要多久時間

相信許多民眾對都市更新及危老重建不陌生，這個篇章雖然與裝修設計面向沒有直接的關聯，但卻是許多屋主猶豫到底要不要裝修的關鍵點，也正因此開始漫長的等待，不過整合全體住戶的意願談何容易，即便民眾們皆嚮往能夠透過建商及政府的協助，從老舊的社區建築換到一個全新的房屋來提升居住品質以及增加房屋的價值，站在建商的角度，沒有利頭的投資基本上是不會有興趣的，畢竟殺頭的生意有人做，賠錢的生意沒人做，如果無法從民眾意願、地主與建商利益間取得平衡，整合住戶屢屢失利，就會放棄去瞄準下一個有意願的社區。隨著時間的流逝，加上原有需要定期維護或是修繕的房屋問題容易被輕忽，房屋價值跟安全越來越不堪，小問題都變大問題，進而衍生出可觀的修繕費用，所以我非常建議如果你選擇等待，就要對都市更新有個通盤的了解，讓讀者明白到普遍從整合到重建完成需要多少時間、建商的立場、整合困難點這些問題，再做出理性的選擇。

Point 1. 都更目的與方法

都市更新的主要目標是讓城市變得更好。這包括幾個方面：

1. 恢復城市功能：
比如修復因地震損壞的橋樑和道路，讓人們使用更安全。

2. 提升居住環境：
更新老舊的住宅區，讓人們有更舒適的居住條件。

3. 景觀美化：
增加綠地和公園，讓城市看起來更綠色、更美麗。

4. 促進經濟增長和加強公共設施：
比如建設新的商業區和學校，提供更多的工作機會和學習場所。

都市更新針對老舊社區的重建、市容美化、公共設施增設等，為重要的施政方針。

📖 名詞小百科　都市更新

簡稱「都更」，是一個讓城市變得更好的過程。想像一下，如果你的房子或學校老舊了，需要修理或重新裝潢來讓它更安全、更舒適，這就是都市更新的概念。它涉及到在城市規劃範圍內，對那些因老化或天災而功能下降的建築物進行維修、重建或整修，目的是讓城市的功能得到恢復或提升，讓居住環境更美好，經濟更發達，並增加公共設施。

都市更新的三個階段

1. 第一階段（1950 至 1970 年代）：這個階段主要是清理那些違章建築和不安全的地區。隨著台灣進入快速發展期，城市中出現了很多亂建的房子，這些不僅影響城市的美觀，也威脅到居民的安全。於是政府開始著手解決這個問題，拆除這些建築，並重新規劃城市。

2. 第二階段（1980 年代）：隨著時間推移，更多的建築物變得老舊。政府開始著手翻新這些老舊建築，並對城市地區進行整體再開發。但這一過程中，由於相關法律不夠完善，也出現了一些爭議和問題。

3. 第三階段（1990 年代至今）：這個階段不僅僅是修修補補，而是更注重城市的整體功能和美觀的提升，如重視文化遺產的保護，閒置空間的有效利用等，讓城市不僅僅是新的，更是有特色和活力的。

都市更新不僅僅是政府的工作，它需要所有人的參與和支持。透過這樣的努力，可以讓我們的城市變得更加宜居、更加美麗。

都市更新的三種方法

都市更新是一個讓我們的城市變得更美好的過程，就像是給老房子或街區做一次大翻新，讓它們重獲新生。這個過程可以通過三種主要的方法來實現：維護、整建和重建，通過這三種方式，不僅提升了我們的生活品質，也讓城市更加美麗和現代化。以下將用簡單易懂的方式來解釋這三種方法，讓讀者們好理解。

1. 維護：保持城市的良好狀態

想像一下，你有一輛自行車，為了讓它能夠長時間使用，你會定期給它加油、打氣和檢查螺絲是否鬆動。這就是「維護」的概念，同樣適用於我們的城市。當建築物或公共設施還可以用，但需要小小的修理或改善時，我們就會進行維護，比如修補路面、更新公園的遊樂設施等，以保持城市的良好狀態。

2. 整建：更新但不全拆

現在想像你的自行車已經有點舊了，但大體上還可以騎，只是外觀不太好看，或者騎起來不夠順暢。這時候，你可能會選擇換上新的輪胎，或者給它上一層新漆。這就像是「整建」，指的是在不需要完全拆除建築物的情況下，進行部分修繕和更新，使其看起來更加美觀和現代化，例如給建築物外牆重新粉刷，或者在老舊的樓房裡加裝電梯。

3. 重建：從頭開始再建立

最後，如果你的自行車已經非常老舊，修理也無法使它回到過去的狀態，這時你可能就需要買一輛全新的自行車了。同理，「重建」就是當一個區域的建築物或設施已經太舊，無法通過維護或整建來改善，我們就需要將它們完全拆除，然後從頭開始建造全新的建築物或設施。這個過程通常需要較長的時間和更多的資金，但它可以讓一個區域完全改觀，為居民提供更好的生活環境。

都更意象圖。

Point 2. 都更需要多少人同意？

都更整合為住戶多數決，依不同的更新地區及狀況有不同的比例，同意比例計算方式為：

分母為土地及合法建築人數與其所有產權面積，分子為同意人數。
- 迅行劃定更新地區：1/2
- 一般更新地區：3/4
- 非屬更新地區內自劃更新單位：4/5

只要同意戶合乎標準，即使有不同意戶也必須參與！

政府針對以下區域會被優先劃定為都市更新的範圍，同意比例會依更新單元是不是在公告的更新地區內有所不同
例如：
- 建築物狀態不良，如窳陋或非防火構造，有妨害公共安全的可能。

- 建築物因年久失修或排列不良，可能妨礙公共交通或安全。
- 建築物無法符合都市機能的需求。
- 建築物與重大建設無法配合。
- 具有歷史、文化價值的區域需要保存維護，或周邊建築物無法與之配合。
- 居住環境惡劣，可能妨害公共衛生或社會治安。
- 建築物確定受到放射性污染。
- 特種工業設施可能妨害公共安全。

這些情況可能會促使主管機關優先考慮將相應的區域劃定為都市更新範圍。

左／新北蘆洲民義段更新前照片。**右**／新北蘆洲民義段更新後照片。

Point 3. 都更住戶要付錢嗎？

- **公辦都更**：與政府約定土地建築物的比例，由政府出資，若經費不足，民眾另外需籌備費用。
- **民辦都更**：建商出資，並取得部分產權。
- **自辦都更**：住戶自行集資。

根據以上三種都更方式，我們可得知若為公辦都更及民辦都更，有較大機率民眾無須出資，而自辦都更無資金來源，想都更的民眾勢必得自行集資了！

Hiro 的老屋課筆記

一坪換一坪並非簡單的換算遊戲！

經常聽見"一坪換一坪"的口號，然而這並非簡單的換算遊戲，而是牽涉到地段價值和土地持分的計算。位於繁華地區的土地，重建後價值增加，地主自然分得更多。而土地持分多，意味著每位地主換到的新家面積更大。但若是大樓或華廈，因戶數眾多，每位地主的土地持分較少，一坪換一坪的夢想就比較難實現。總的來說，想要"一坪換一坪"，除了地段優越，還得看你的土地持分夠不夠多！想透過都更來改善居住環境並非一件容易的事，上述三種都更方式有時並非住戶可以決定的，會因為所在地段與價值增加或減少，影響都更的可行性以及建商的參與。

Point 4. 都更的時間為何漫長？我需要等待多久？

都市更新流程大體分為四階段：全程約 6 ～ 10 年（時程為預估值，視個案狀況而定）

1. 意願整合（劃定都更單元）　預估半年～ 1 年
※ 多數都更計畫皆卡在意願整合之階段

2. 事業計畫　預估 1 年～ 1 年半
建商針對整合範圍提出重建計畫並提交審核

3. 權利變換　預估 1 年～ 1 年半
權利變換是由四種腳色分別提供四個更新要件

土地所有權人	－	土地
合法建築所有權人	－	建築物
他項權利人	－	他項權利
實施者	－	建造資金與共同負擔成本

藉由不動產估價師透過估價來分配各種腳色按照更新前的比例來分配更新後的房地

4. 拆遷重建　預估 3 年～ 4 年半
確認好比例後執行搬遷、動工、完工、驗收的時程

除了權利變換另外也有由建商與住戶及地主協議合建的方式執行都更，此辦法伴隨著不同的優缺點，協議合建的時程上較快，但牽涉私契約權利價值分配部分，都市更新審議委員會就沒有審議的權責，也就是說，分配的方法是依照地主與建商簽訂的合建契約內容去分，該怎麼分是由雙方協定為準，所以常有契約糾紛，過程中有爭議的話恐怕會增添相關訴訟的期程，也可能因財務因素工程逾期或停工，造成爛尾樓。

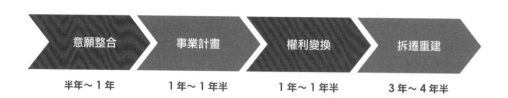

Hiro 的老屋課筆記
建商的意願也同時決定都更的進度

影響建商意願的要素無非就是這個建案的價值及獲利，其中分配的方式及住戶整合的時程也會有所影響，在這房屋漸漸老化的時期，整合速度及利潤都是都更關鍵！通常，在評估建案的時候，我們主要從兩個方面來看：

1. 地段
站在建商的角度，如果房子位於價格高的區域，所居住的居民水準及生活品質就會高，連帶影響建材及設備的需求，興建的成本可想而知。但是，由於改建後房價會更好，建商將有更多空間來分配給地主，這樣地主分回的比例也會比較高。反之，如果房子的位置不太理想，例如距離主要道路太遠的巷弄，改建後的價格就會受限，這時候建商就得拿回更多的銷售面積，以確保成本、維持，或者獲得合理的利潤，這也就意味著地主的換回比例會比較低，談判也容易破局。

2. 房屋本身的條件
基地的大小、形狀、是否靠馬路，以及外部交通、鄰近重要地標或商圈，影響生活機能方面等都是關係到建案的特色。如果基地形狀方正，那建築設計就能更有效率交出更誘人的作品。如果房子靠近大馬路，通常商業效益會更好，靠近公園的，更適合打造成高質量的住宅。再者，如果離捷運站很近，房價自然就會更高，這些因素都會直接或間接影響到重建後的分房比例。

綜合所有影響房價的因素後，如何分配才是關鍵，沒有固定的標準。最重要的原則就是雙方達成共識，只要地主和建商能達成協議，才能讓都更順利進行。所以呼籲參與都更的各位，適時換位思考不要貪心，合約內容仔細審閱防止不肖建商的陷阱，才能共同利益最大化，順利的都更！

Hiro 的老屋課筆記
都更容易失敗的幾種狀況

- 雖鄰近馬路或商圈，但一樓都是生意超好的商家。
- 都更後的格局及坪數利用不符合現有居住成員使用。
- 對社區的情感強烈，不希望更動現有的生活模式。
- 投資型套房既得利益，常見公寓出租及頂樓加蓋出租無法換來等價報酬。

諸如此類的原因還不包括現今屋主產權尚未傳承給後代，而且拒絕溝通交流且資訊封閉的年邁長輩，所以說當住戶們一旦遇到人生進入下個階段，結婚生子、工作需要、學區地段等房屋需求，如果真的等不到整合統一還有建商的評估，紛紛退而求其次的選擇老屋翻新，來滿足各個家庭的需求。

無論你正在考慮買房或是等待都更或老屋翻新，謹慎評估自身的負擔能力及需求，關注政府公告的相關福利與政策，相信各位會作出最理想的選擇。

Chapter 2

老屋翻新前的準備

「老屋裝修前一定先知道流程和預算！」

裝修前的前期準備及相關規範是屋主一定要注意的環節！當遴選好設計施工的廠商之後，大部分的屋主都會關心那什麼時候可以開始動工？其實你要做的功課還有很多哦，這個篇章會介紹關於裝修前的必要流程以及可能會影響到預算，甚至牽動到整體規劃的方向，其中包含室內裝修許可、保護工程的重要性、到大樓管委會的規範等，在真正開始執行工程之前，逐步地把所有該注意的事項都確認到位以後，工程才能夠合法的順利進行！

PART 1

評量設計公司與施工單位

消費者可以透過諸多面向來確認，規劃的團隊是否值得信賴，裝修分兩個領域一個是設計一個是工程，最常見的三大糾紛首先是明細不清、事後才被追加費用；第二是驗收時，才發現實體與原先想像的設計有所落差；第三則是工程一再延宕，最後發現是無照裝修公司，由於過往屋主的遴選方式都仰賴親友或同事介紹居多，卻不曉得同樣身為裝修單位，在不同的案件型態與經驗都有對應的領域與客戶群，甚至有的屋主會請三～五間設計或統包公司來現場，觀察他的規劃與談吐來判定，雖然市場一直都是如此，但設計裝修的糾紛依然層出不窮，消費者該怎麼評鑑一個好的裝修單位，以下重點都必須注意，畢竟是一筆非常高的支出，裝修之前停看聽是非常重要的喔！

Point 1. 規劃單位的等級對應合適的服務

1. 工程體系

工班成員／工頭 → 工程行 → 統包商 → 裝修公司

2. 設計體系

設計師 → 個人工作室 → 設計公司

3. 其他體系

系統櫃設計公司、軟裝設計師、家配師

設計裝修專業領域 vs 工期、難易度

	工期時間	難易度	預算
新成屋	＊	＊	＊
新古屋	＊＊	＊＊	＊＊
店面專櫃	＊	＊＊	＊＊
老屋翻新	＊＊＊	＊＊＊	＊＊＊
商空商辦	＊＊＊	＊＊	＊＊＊

Point 2. 挑選可靠的室內設計師與裝修公司

選擇室內設計師和裝修公司是一項重要的決定，需要考慮很多因素。從初步接觸到最終決定，我們提供了一套完整的建議，幫助你一步步做出最佳選擇，找到最適合你的合作夥伴，共同打造出理想的家居空間。

1. 初次接觸與了解：溝通是關鍵

原則上屋主都會貨比三家，同時找三至五間業者來分別做討論與提案，第一次對談、第一次碰面、第一次提案的印象是很重要的，每位設計師的個性與美感和經驗都不同，屋主可以分析這位設計師或是規畫單位的強項為何，與自身所希望的屬性哪種較為相近，舉例：這位設計師給人的感覺工程經驗較為豐富，另一位則是強在氛圍營造與配色等，都會是你的參考依據。

· **溝通能力**：注意設計師是否真的聽懂你的需求，好的溝通是成功合作的第一步，反之規劃團隊在提案時，與屋主的互動及提出的想法，都可能與期待不符、雞同鴨講，所以這裡可以先由第一次的空間配置（平面設計圖），來觀察是否設計師有認真傾聽你的需求。

· **預算匹配**：在了解完屋主對於裝修的想法之後，一個好的設計師並非一昧的迎合屋主，而是提供多種規劃方向與各種配置的利與弊，在預算的分配也是非常重要的，每次的調整牽一髮動全身，對於費用的掌握能力要非常足夠，避免討論的很開心但最後金額過高無法執行。

2. 技能和經驗的考察：多詢問專業問題

多問一些專業問題，看設計師是不是真的懂。比如他們過去的案例怎樣解決特定問題的，對某種施工技術有什麼看法。此外，檢查一下他們是否有專業資格認證，或者是不是一個合法註冊的公司，這些都能幫助你判斷他們的專業度和可靠性。

· **專業問題**：透過問專業問題，比如材料選擇或施工技術，來評估設計師的專業水平。
· **資質證明**：確認設計師或公司是否有相應的專業資格證照和合法營業登記。

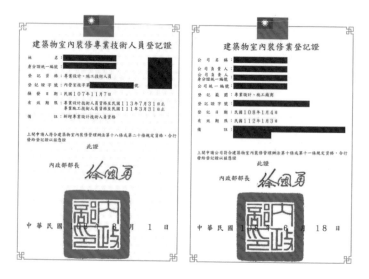

室內設計公司應具備專業資格證照。

3. 品質與合作團隊的考量：設計和施工的品質

設計圖能告訴你設計師的風格和能力，同時也可以從他們過往的施工案例來判斷施工質量。一個優秀的設計規劃團隊，一定都會有穩定合作的工班，案件量足夠支撐工班的收入，不用東奔西跑的去找案件，工程品質與工期就會穩定下來。

· **設計質量**：看設計師提供的設計圖和效果圖，評估他們的空間規劃和美學設計能力。
· **施工團隊**：了解設計師合作的施工團隊質量，是否有固定可靠的施工團隊。

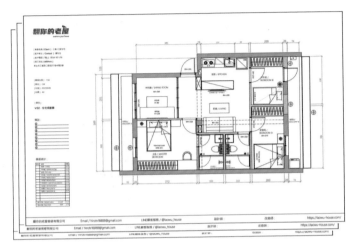

⚙ 拆除施工圖
⚙ 地坪施工圖
⚙ 天花板施工圖
⚙ 空調配置圖
⚙ 水電配置圖
⚙ 燈具配置圖
⚙ 迴路配置圖
⚙ 施工立面圖

一個好的規劃人員會使用設計圖來陳述規劃與說明動機，建議屋主在討論時多利用捲尺感受尺寸與動線。

4. 報價和合約：明白報價和預算控制

建議參照內政部建築物室內裝修合約的重點如下。

- **詳細的公司資訊**：合約需含公司章、負責人章、匯款帳戶、身分證字號等資訊載明由同一設計師保證合約服務。
- **清楚的設計圖說**：含現場丈量圖、平面配置圖、立面施工圖、施工設計圖等。
- **標示完整的估價單**：含品牌、型號、項目、單位、單價、數量等。
- **訂定工程進度及日期**：確保施工期明確，可訂定遲延違約金（一般合理範圍為每天千分之一）。
- **確認付款方式**：一般工期付款大多分為四期，階段性付款才能保障自身權益。

一般付款階段	%	一般付款階段	%
開工款	30%	中期二	30%
中期一	30%	尾款	10%

- **訂定追加規範**：建議可在合約追加項目內，註明追加工程須由屋主同意，且經雙方書面簽字同意等說明。
- **載明保固期**：一般基本應自驗收完成之日起負保固 1 年，驗收單或保固卡留存，一式兩份。

Hiro 的老屋課筆記

好的報價不應該只有一個數字

除了數字之外還要有詳細的分項說明，讓你知道錢花在哪裡。在簽合約之前，確保所有細節都被講清楚，這樣可以避免日後的誤會和糾紛。許多人可能一輩子就只有一次的裝潢機會，總結來說，其實選擇設計師並不能只單看一面向；包含解決問題的能力、對空間的掌握度、施工品質的要求、工地經驗的累積等都是不可忽視的。

5. 公司與品牌資訊：不因熟識就忽略，再好的朋友家人介紹也一樣

開業須具備以下兩種證照【乙級建築物室內裝修工程管理技術士】【乙級建築物室內設計技術士】之其中一種，可以主動提出是否持有證照、是否過期等問題，營業登記的部分也要注意為『**E801060 室內裝修業**』，並非『**E801010 室內裝潢業**』！室內裝修為特許行業，拆除、泥作、水電、木工，鐵工等，需要上述提及的證照才可設立公司並承攬案件，室內裝潢是較為輕度的工程行業，軟裝、壁紙、油漆、地板等都是難度不高的種類屬裝潢業範疇，必須注意越級承攬的問題！

· **資本額與公司地址**：對照公司的地址與洽談合作細節的地點是否相符，小規模的裝修設計單位，常以合作或是掛名在其他品牌下做事，如果發生糾紛容易產生互踢皮球的問題，找不到人、消極處理都是常見現象。

· **匯款戶頭**：假設因為屋主想便宜或是業主引導都必須注意一件事，未開發票也許可以省錢省稅金不過同時也是很大的危險因子，匯入個人戶頭或是現金交易等都可算是業界常態，財務狀況不好的廠商也可能會有挪用款項的問題，所以匯入公司戶頭且專款專用才能有較全面的保障。

從事室內裝修業需要〔室內裝修工程管理〕或〔室內設計〕，兩者其一乙級技術士證照才可以執業。

Point 3. 工程進度如何確認？

一個人能做多少事情都是固定的，很多業者為了接案不顧品質工班進度無法掌控，可先從一間公司跟幾組工班配合去了解目前能消化的案量是多少，假設一個設計師一個月只能負荷三個案量，當他接第四案，品質跟工期就會出現問題，如果又轉包給二軍工班，那品質跟工期是否還能一致，都是可以參考的點，最好還是去案場直接參觀，工程進度基本上都是簽約後的工期表（甘特圖）來排定，除了部分工程會因天候因素及例假日需要往後延，在工班量能無虞的狀況下，其實都是可以掌握的，以下列舉可能會影響到工期的因素。

1. 製圖 & 工程甘特圖的注意事項

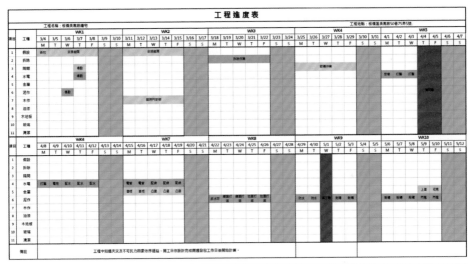

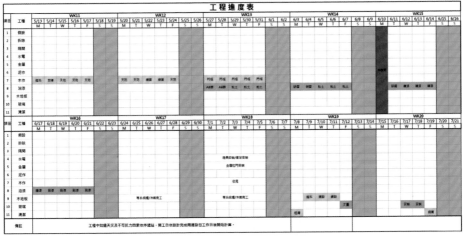

檢視甘特圖時，須注意每項資訊是否有漏洞，避免日後爭議。

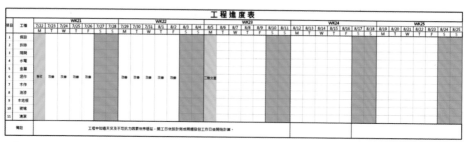

 不包含規劃討論及室內裝修許可的行政流程等時間。

裝修工期建議

房屋類型	裝修工期
新成屋／新古屋（輕裝修）	2 － 3 個月
老屋翻新（全室翻新）	4 － 6 個月

註：工期具體需以規劃內容而定，在有室內裝修許可的情況下，所需時間也會有所不同。

合理的工期展延

· 屋主於工程中修改或增加需求。
· 屋況瑕疵修繕所需時間，影響後續工種排程。
· 天候不佳影響特定工種排程。

不合理的工期展延

· 負責單位個人因素展延。
· 設計或工程疏失導致重工展延。

2. 檢查工程合約有無保障

從 2012 年到 2014 年，消保處共收到超過一千件關於裝修消費的糾紛申訴。這些申訴中，裝修瑕疵的案件最多，達到 391 件。其次是工期延宕的申訴，共有 156 件，以及工程保固相關的申訴有 126 件。其他申訴包括契約終止、價款追加等問題，由此可見工期延宕也是經常發生的狀況，必須謹慎。

為了解決這些問題，消保處聯同營建署公布了一套建築物室內裝修相關的契約書範本。根據消保處的說法，新的契約規定，如果業者未能在約定的期限內完成工程，消費者有權終止契約。此外，裝修費用將享有保固擔保。如果業者延遲施工進度，將被處以每日千分之一的違約金。

未依照施工排程且超過合約期限應予賠償

3.驗收發現瑕疵，可經甲乙雙方確認修補方案與修補期限後進行修補。

4.工作物之現狀經驗收完成後逾1年者，甲方不得主張。

十四、提前使用：

1.甲方對於已完成之工程，如有提前使用之必要，應會同乙方驗收完成後使用，若甲方未經驗收逕行使用，視同該工程已完成驗收；完成驗收者，甲方應報價單內項目及單價結算價款支付予乙方。

2.甲方對於未完成之工程，得經乙方同意後使用，但因甲方提前使用致使工程延遲，或造成工程瑕疵時，甲方應負其責。

3.甲方需在完成驗收後才可提前使用，且應負保管之責。

十五、違約處理：

1.甲方違約：

1.甲方延遲未交付工程地點場地，致使乙方無法進場施工，乙方得終止合約，甲方應償乙方所發生之損害（包含但不限於已預先訂購之物料、半成品、成品、工資等）。

2.本工程未完成前，甲方若任意終止部分或全部合約，應賠償乙方所發生之損害（包含但不限於已預先訂購之物料、半成品、成品、工資等）。

3.甲方如有延遲給付價款情形，乙方得暫時停工，直至甲方付款後3日再恢復施工，乙方並依延遲付款日數順延工程進度表所約定之完工驗收日。

4.甲方未依付款日給付價款時，每逾期1日，甲方須另行支付工程總價×1‰之遲延違約金予乙方，違約金總額以本合約總價×10%為限。

2.乙方違約：

1.乙方未履行本合約所訂之事項逾超過30日，甲方得終止合約，並得同時請求乙方退回未施工物料工程價

2.乙方未依工程進度表完成工程時，每逾期1日，乙方須另行支付工程總價×1‰之遲延違約金予甲方

約金總額以本合約總價×10%為限。

前述違約的金由甲方於應付乙方之價款中扣除，乙方不得異議，但因甲方因素或因天災、地變、停工、政府措施等人力不可抗拒之因素而遲延者，不在此限。

因本排前2項終止合約時

1.乙方各期工程已施工項目且完成驗收時，則為甲方所有，甲方應依報價單內項目及單價結算價款支付予乙方。

2.乙方各期工程未完成項目（包含尚未施工項目），甲方得不支付價款予乙方。但經乙方預先訂購之物料、半成品、成品，由乙方提出相關證明後，該物料、半成品、成品則為甲方所有，甲方應依報價單內項目及單價結算價款支付予乙方。

應依照法規申請室內裝修許可

第七條 乙方負責事項：

1.乙方應依本合約、所附設計施工圖說文件、報價單施工，其有違反致使甲方或第三人受有損害，乙方負賠償責任。

2.乙方得依專業分工原則，將本工程分包給第三人承做。

3.乙方得遴選具有裝修專業經驗之人員，於本工程進行中不定時督導施工事宜，並接受甲方監管。

4.乙方施工期間，應善盡維護施工範圍內甲方所有設施、物品完好之責，如有行損壞應負責修繕，若無法修復應照原狀賠償，工程完成後進行之環境清潔。

6.乙方應告知甲方下列事項

建築物室內裝修設計或施工涉及下列行為之一者，應申請審查許可：

1.固著於建築物構造體之天花板裝修。
2.內部牆面裝修。
3.高度超過地板面以上1.2公尺固定之隔屏或兼作櫥櫃使用之隔屏裝修。
4.分間牆變更。

裝修材料應合於建築技術規則之規定，且不得妨害或破壞防火避難設施、消防設備、防火區劃及主要構造。

1.乙方施工時，如甲方要求之施工材料或施工方式有會增加工程危險疑慮，乙方得告知甲方，但甲方仍要求施作，因此所生之損害應由甲方負擔。

2.甲方要求之施工方式，若不符合室內裝修工程法規，乙方應善盡告知責任，並建議最佳之施工方式，如甲方的執意要求不符法規之施工方式，乙方有權拒絕施工或因施工所而生之一切風險、損失、賠償，均由甲方負責。

3.本工程若由甲方供給材料而未能按期供應，或因他包配合工程而未能按期施工，致使乙方工程進度延遲時，得依延遲日數而延長本工程期限，其延長期間致使乙方受有損害，甲方應負賠償責任。

4.與本工程有關之其它工程，經甲方交由其他廠商承攬時，乙方需與其他廠商互相協調配合，以使該工程可順利進行；若因乙方無法協調配合，致使發生施工錯誤、延誤、損壞、意外事故，應於發生後由甲方集各方協調解決。

Point 4. 追加減的狀況模擬對應

追加、追減預算這個議題，一直都是屋主在遴選廠商時的一個考量點，畢竟大多數的屋主都希望預算妥善分配，有經驗的設計師或者工程人員，可以預估風險並提早告知，而不是事情發生才跟業主追加，打個比方，經驗不足的規劃單位，在簽署圖面及工程合約時的設計費＋工程款總價落在 250 萬，待完工後需要 350 萬甚至 400 萬才夠，就會造成不小負擔與困擾，規劃團隊必須事前清楚，並備註在簽約或是特例發生時即刻提醒屋主，哪些項目是有可能會產生追加問題，另外老屋翻新是裝修項目裡較常出現 "因屋況不佳而需要拆除後才能確認報價" 的情形，因此我們會建議預留部分預算，屋主才不會措手不及。

列舉常見老屋追加預算案例

案例 1__原始場勘天花板剝落一小區域，拆除後整片天花板都出現龜裂崩落且鋼筋鏽蝕的狀況

左／屋主原本以為只有小範圍崩落。**中**／完整的崩落範圍。**右**／天花板拆除後落下的結構。

案例 2__不同時期材料重疊需與屋主追加

左／拆除前無法準確預估的狀況－多層壁紙。**中**／拆除前無法準確預估的狀況－多層磁磚。**右**／拆除前無法準確預估的狀況－結構損毀。

案例 3 __ 多重漏水原因，須注意報價單使用工法項目

此間的漏水由屋頂鐵皮的集水槽塌陷導致雨水溢出，每當雨天時，都會潑灑在牆面與鐵皮雨遮內側屋頂處，下層的油漆脫落並且有壁癌現象，集水槽的狀況如果及時處理，基本上修繕好就好，不會影響內部，但因為日子久了防水層已然失效，就算把鐵皮的集水槽修繕好，波及區域的防水層都必須重建會比較妥當，報價單這方面就要留意處置方式。

左／漏水處下方顯現壁癌及油漆脫落。**右**／集水槽變形導致女兒牆與地面積水。

Hiro 的老屋課筆記

報價追加減清楚標示，簽名蓋章才施作！

工程進行中時額外需要追加或追減的項目，最理想的方式都是簽名再施作，尤其最常發生的狀況是，家庭成員多，但有的覺得要花這筆費用有的覺得不用，為了爭議不要發生，第一點是同所有權人簽署，第二點是簽署前必須充分告知其他家庭成員，有時候因為突發狀況，屋主無論是出於信任或是忙碌，都應該要審慎看待此事。

PART 2 | 丈量場勘／圖面討論／報價單審視

丈量場勘最大的重點是紀錄室內室外的平面立面尺寸，依照擷取的數據應用在後續的圖面製作上，有了這些精確的尺寸，才能確保後續報價時的計價單位，還有各項工種在工程中放樣的精準度，然而丈量的精準度也能看出一個設計師的能力，曾經有位客戶表示，其他規劃單位丈量時不夠精確，導致丈量後的圖面（房屋現況圖）裡的某一道牆位置不精準，錯過承攬的機會，因此才找上我們承接，另外也有因為老屋牆面是歪斜的，導致後製的櫃體有著非常大的空隙，無法填縫草草了事，所以這個篇章就讓我們來聊聊有關丈量與場勘的大小事吧！

Point 1. 丈量場勘 & 現況紀錄

丈量之前我們都會通知屋主，希望能夠盡可能淨空空間，另外早期的裝潢也經常會包覆梁柱與牆面，這都是老屋翻新常見的狀態，所以事前溝通好才能夠有效率的作業。

丈量流程
繪製原況框線 → 紀錄各項尺寸 → 了解生活需求 → 格局調整評估

1. 理想的丈量環境
· 無雜物堆積
· 動線順暢
· 天地壁、梁柱皆裸露無包覆

上／僅有基礎家具。下／室內淨空。

2. 棘手的丈量環境

· 丈量動線不順暢
· 舊式裝潢包覆
· 頂樓加蓋封住動線
· 不規則屋型

左上／雜物尚未清除。**右上**／結構畸零。**左下**／場勘施工管線受阻除。**右下**／原有裝潢包覆面積廣泛。

3. 裝修前現況紀錄

老屋翻新於丈量時只有屋內尺寸是不夠的，需要收集資訊與勘查還有非常多的項目，以下我們來舉例需要注意的細節，才能夠順利地模擬裝修時的各種狀況！

· **房屋現況圖**：用於裝修規劃的起始基準點圖面

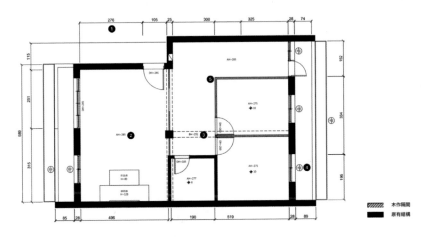

1. 屋內各空間尺寸　2. 樓地板高度　3. 梁柱位置　4. 窗台尺寸　5. 隔間材質

- **電力評估：評估是否需要加大電力，幹線路徑如何設置**

1. 電箱拍照　2. 電錶拍照　3. 幹線路徑評估

- **屋況瑕疵：檢查是否有漏水、壁癌、結構損毀等現況紀錄**

1. 漏水壁癌紀錄　2. 外牆外觀紀錄　3. 結構損毀評估

- **動線勘查：各工種進退料及施工路徑**

1. 樓梯寬度
2. 電梯寬度高度

3. 巷弄寬度　4. 防火巷紀錄　5. 樓頂水表

丈量常見 Q&A

Q	A
如果我自行丈量或用別的設計公司的圖面可以嗎？	丈量的用意在於尺寸確認與圖面生成，最重要的是，這些尺寸是用來計算裝修費用的依據，時常遇到客戶提供圖面，有時是自己繪製，也有別的設計單位繪製，更進一步來說，現場對屋況的評估都是不同的，攸關於日後的售後服務與保固以及責任的釐清，建議圖面繪製與報價都是同一組單位才有保障。
晚上是否可以丈量？	即便是在白天，若是光源不足的狀況下，也有可能忽略一些房屋內部現況的細節，所以在白天安排丈量行程較為妥當！如果是公寓單層會建議留 1 小時的時間，不過換作是透天亦或樓中樓就需要 2～3 小時的丈量時間。
丈量時需要準備什麼嗎？	丈量時屋主基本上不太需要準備，不過會建議對此次的裝修有想法的家人或長輩都一同參與，原因在於第一次的丈量後會做需求統整，規劃方向會直接反映在第一次的提案會議，時常遇到家人因上班或是外出等緣由，沒法參與丈量，錯過提出想法的機會，結果就是提案時漏掉未到家庭成員的需求，配置有機率就不是自己所期待的方向，所以建議日後會參與討論的家庭成員，都出席丈量時的需求討論喔！

Point 2. 簽約前的圖說討論與重點

老屋翻新基本上都是位於早期發展的都會區,以及六樓以下的連棟式住宅與透天為大宗,本篇章會從格局配置切入,並且帶著大家從圖面配置開始,認識圖面相關的符號標示與配置原因,我們經常與屋主溝通,由於裝修資訊量太過龐大,很難在短時間理解並消化,達到共識的效果,所以這篇會把圖面配置討論的必備知識教給大家,用最短的時間進入狀況!

1. 丈量後的圖面討論

丈量後,設計裝修單位都會邀請屋主至公司進行簡報提案,討論配置與預算,確認規劃方向是否與需求符合,或是提供更好的建議,不過設計圖說的種類繁瑣,每種圖說對應的工種與內容都不同,我們就從流程來了解各種圖說的確認時機。

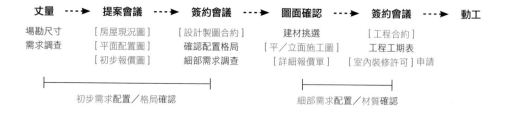

我們從丈量開始就會討論一些資訊開始著手 [房屋現況圖] 與 [平面配置圖] 的繪製,必要時可能會需要 2～3 個版本,使用於模擬討論,因為這時還沒討論到建材的部分,而且光是一個單品就有很大幅度的價差,所以我們會提供對照 [平面配置圖] 的 [初步報價單] 作為一個討論基礎點,有個很大的重點要提醒大家,這個階段再確認的是 "格局與大方向",而非風格與美感相關設計的討論時機,那原因是什麼呢?

用兩個面向分析,第一,就是裝修都是客製化個人的喜好,或是針對不同房屋使用不同應對的方式,所以以第一次的提案會議就出的報價單,要精準是不太可能的,坊間有許多業者就提一個低總價,在簽約後的追加就會非常可觀,甚至會打裝修只要ＸＸ萬等,吸引消費者簽約,最後工班進場的施作內容是不適合此屋況需要更改內容,預算吃緊的客人就可能要準備貸款裝修,甚至對簿公堂;第二,蒐集好每位家庭成員的情報與工法建材的討論,是非常花時間的,平均與客人對完所有細節約莫半個月至一個月時間,過程不乏客人喜歡的建材,但不了解單價,最後報價單計算出總價時又猶豫不決或改變主意,所以我們習慣先簽訂初步的合約再往下進行。

如同前面說到的圖面順序,在簽約前會討論的是以 [房屋現況圖] 與 [平面配置圖] 為討論「格局」「動線」為重點, 我們直接用具體兩個實際案例的圖說來說明與引導,老屋翻新從零開始帶著你走一遍!

案例	中和區錦和街施宅

（home data）　坪數：23 坪　家庭成員：3 位（一對情侶、一位長輩）

裝修前原況圖

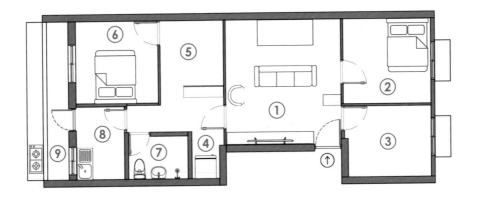

現有概況分析

① **客廳空間**：非常擁擠，全室天花板皆為輕鋼架天花，門口進來鞋子無法安排足夠的櫃體收納，天花板上方有漏水情況，沙發背後有一個大型神明桌。

② **長輩房**：未來希望長輩房與主臥⑥對調，讓長輩離衛浴靠近一些。

③ **次臥室**：目前為儲藏空間與生活備品區，由於
現有格局較為擁擠所以才被迫先放置於此間。

④ **冰箱**：因空間不足放置於此，未來希望用於新增
一間衛浴的空間來利用。

⑤ **開放式衣櫃區**：原始的餐廳因為生活習慣調整
已無使用，用來放置生活所需的衣櫃。

⑥ **主臥房**：希望同②與長輩房對調。

⑦ **衛浴**：有嚴重的發霉現象與漏水問題，希望能
透過規劃新增一間衛浴。

⑧ **廚房**：目前廚房堆積雜物，瓦斯爐在外陽台且年
久失修，幾乎已無開伙。

⑨ **外陽台**：有無使用的瓦斯爐與洗手台。

⑩ **屋況瑕疵**：屋頂鄰居種植盆栽，導致有漏水情況須修繕。

需求清單

· 房間數量不變。
· 拓寬客廳空間。
· 新增落塵區。
· 外出鞋收納。

· 開放式廚房。
· 衛浴需要新增一間，乾濕分離與有浴缸的各一間。
· 改善屋內漏水問題。
· 整體風格簡約、乾淨明亮、溫暖。

裝修後平面配置圖

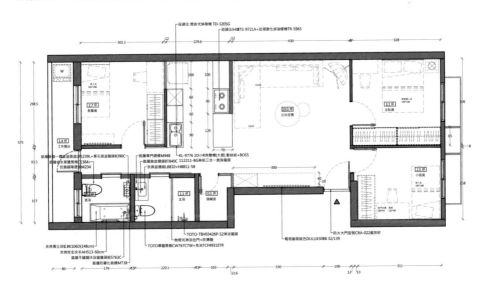

規劃巧思 _____

· 客廳依照屋主需求完成拓寬效果。
· 開放式廚房利用一小段的矮檯面與客廳做結合，創造視覺通透感，收納加倍。
· 有鑑於原始收納量的需求，於衛浴旁準備一個生活備品儲藏區。
· 滿足雙衛浴需求，並且新增長輩專用安全扶手。
· 收納完善後，次臥恢復應有功能，供未來小孩使用。

Point 3. 看懂報價單必須了解的幾件事

報價單在許多第一次裝修的屋主心中都視為最重要的一環，對於預算的重視程度，經常超越設計與應有的妥善安排，也正因為如此，使得不肖的裝修設業者，就看準這個消費者心態，無論是常見的號稱超低裝修總價，或是使用屋主不熟悉的單位來編輯報價單，完工後才悔不當初。當然並非整個市場的規劃人員都是如此，不過都有個特徵就是做到一半或完工，會不斷的追加，或是完工時的結果與自己所想不同，透過我在市場多年的經驗，屋主都會用信任與沒有時間研究的心態就交給業者，所以報價單的價格高低並不是重點，而是你真的看懂你的錢到底有沒有變成你想要的樣子？

1. 理解設計圖尺寸計算

看懂報價單之前要先看懂圖說，不是要屋主全懂，但是基本的計算單價肯定是要會的，畢竟都是幾十萬至百萬的金額不得不慎，計算的方式要學會哪些呢？首先我們從尺寸開始學習吧！

準備工具
1. 設計師提供的平面圖　2. 三角比例尺　3. 紙筆

第一步要先從比例尺與圖面比例的認識開始，抓出各空間或是想了解的尺寸，在都了解尺寸之後，才能夠去探討報價單。首先拿出設計師的平面圖，找出目前討論中的圖面比例在哪裡。

以這個圖說資訊欄來看，在圖資的部份我們看到比例是 1：50，如果未標示可以與設計師確認或是詢問圖面裡的某些牆面、物件（例如門片、櫃體等尺寸）的尺寸再用三角比例尺核對比例為何。

註：居家空間規劃常用的比例為 1：40／1：50／1：60。

比例尺的三面分別為：1/100、1/200、1/300、1/400、1/500、1/600

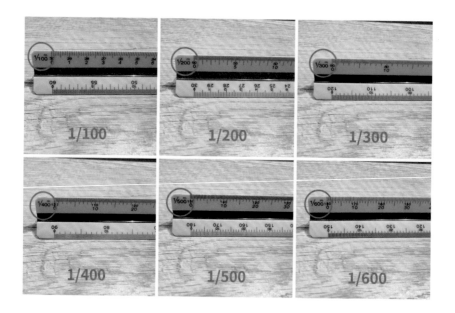

假設圖面比例標示 1/50，就要用 1/500 那面，如下圖

比例尺單位轉換範例

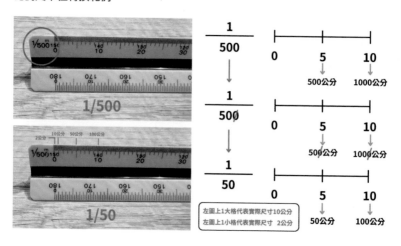

1/50，則圖上1大格代表實際尺寸10公分；圖上一小格代表實際尺寸2公分。

依照上述方式來模擬我拿到一張 1/50 的圖面，模擬房門寬度的尺寸測量，最後得到 90 公分為房門的寬度，用這樣的方式去套用到未來的裝修內容與家具測量都非常實用，是必學的小技能。

2. 報價單常見單位

尺寸都有了，接著就要套用在報價單上，可以推算出每個項目的計算方式，這些數字是否符合屋主的規劃內容，畢竟電腦有時都會當機，人肯定也是會有出錯的時候，報價單的錯誤往往都是不小的數目，有發現倒還好，沒發現的話就有被多算錢的可能。

計價單位一覽

常見的計價單位	換算說明	運用在哪裡
才	1 才 =30.3 公分 X30.3 公分 =918.09 平方公分 =0.027225 坪	·用在木作工程裡，如衣櫃、書櫃等計量單位。 ·櫥櫃的油漆計價（包括特殊油漆，如烤漆）。 ·鋁窗的計價單位，少部分會運用在磁磚的計價上。
坪	1 坪 =3.30579 平方公尺 =33057.9 平方公分，有的估價單會簡寫成英文字的「P」	·地坪的計價單位，如木地板或地磚壁面建材的計價單位，如磁磚壁面。 ·油漆的計價單位。 ·地坪的拆除工程計價，如木天花板工程的計價單位。

常見的計價單位	換算說明	運用在哪裡
片	30X30 公分 =900 平方公分 =0.027225 坪 30X60 公分 =1800 平方公分 =0.05445 坪 60X60 公分 =3600 平方公分 =0.1089 坪	磁磚的計價單位
迴		水電迴路的數量 單一開關算 1 迴,雙切開關算 2 迴
盞		燈具的計價單位
尺	1 尺 =30.303 公分 =0.30303 公尺	木作櫃體的計價單位、玻璃工程的計價單位,如玻璃隔間、玻璃拉門系統家具的計價單位
口		部分泥作工程,如冷氣冷媒管及排水管洗孔的計價單位水電工程之開關及燈具配線出線口的計價單位
組		水電工程的計價單位
樘	類似「一組」的概念	門窗的拆除工程計價單位、門或窗的計價單位
車		拆除工程的運送費清理工程的運送費
碼	1 碼 =3 呎 =36 吋 =91.4402 公分	窗簾及傢飾布料的計價方式
式	「一式」計算方式很模糊,泛指一些比較難估算的項目可用「一式」帶過,因此建議最好附圖說明	幾乎所有的工程都可以用

在理解完單位之後,再來就是用老屋翻新的工程中的一個工種:水電工程來做示範。

翻你的老屋室內裝修有限公司
LAO WU HOUSE INTERIOR DESIGN
TEL(02)8285-5225
FAX(02)2288-6379
GUI-number 90208473
ADD 新北市板橋區民生路三段176號
1F No.176, Sec. 3, Minsheng Rd.,
Banciao Dist., New Taipei City
220030, Taiwan (R.O.C)

明細報價單

公司名稱	翻你的老屋室內裝修有限公司			公司電話			訂單日期		
店名	板橋直營店			公司傳真			訂單編號		
負責業務				Email					
公司地址	新北市板橋區民生路三段176號1樓								
客戶名稱				聯絡人			日期		
工程名稱	中和錦和路施宅			電話			傳真		
施工地點				案號			單號		

項目	區域	內容	數量	單位	單價	小計	備 註
四	水電工程						
1	全室	24P匯流排品型箱(含無熔絲開關)	1	式	$21,350	$21,350	
2		22平方pex台電申請	1	式	$46,700	$46,700	
3	電箱迴路	空調220V迴路	3	迴	$4,700	$14,100	
4		暖風機220V迴路	2	迴	$4,700	$9,400	
5		漏電斷路器	1	迴	$3,350	$3,350	
6		插座110V迴路	7	迴	$3,350	$23,450	
7		電燈110V迴路	2	迴	$3,350	$6,700	
8	全室	新增移位插座出口	37	口	$950	$35,150	(不含面板)
9		新增移位單切燈具開關	9	組	$950	$8,550	(不含面板)
10		新增移位雙切燈具開關	10	組	$1,350	$13,500	(不含面板)
11		燈具線路出口	51	口	$950	$48,450	
12		基礎燈具安裝	50	口	$700	$35,000	不含吊燈
13	弱電	新增弱電箱	1	式	$8,000	$8,000	
14	弱電	新增網路線出口Cat6(不含面板)	4	口	$2,000	$8,000	(不含面板)
15		新增電視出口(不含面板)	2	口	$2,000	$4,000	(不含面板)
16		新增電話出口(不含面板)	1	口	$2,000	$2,000	(不含面板)
17		安裝插座開關面板	56	組	$500	$28,000	國際牌星光系列
					小計	$315,700	
18		水錶後幹管配置	1	式	$10,700	$10,700	PPR
19		冷水出口	9	口	$4,200	$37,800	PPR
20	全室	熱水出口	5	口	$4,200	$21,000	PPR
21		排水配置	7	處	$2,700	$18,900	PVC管
22		冷氣排水配置	3	口	$2,000	$6,000	PVC管
					小計	$94,400	
23	全室	室內消防瓦斯警報器	1	處	$1,200	$1,200	依實際數量報價
24		整套衛浴安裝(不含浴缸)	2	式	$6,000	$12,000	主浴、客浴
					小計	$13,200	
25	全室	排風管配置費用	3	組	$2,000	$6,000	主、客浴、廚房
26		打鑿工資	1	式	$26,700	$26,700	
					小計	$32,700	
					合計	$456,000	

(以上水電、消防工程依實際配置安裝數量,完工結算多退少補)
(以上水電工程 使用太平洋電線、開關插座面板採用國際牌-星光系列)

在報價單裡需要注意的除了單價以外,工程中的含蓋範圍也是重要的一環,案例中裡的某些項目有(不含面板)、(完工結算多退少補-實作實算)都是要注意的點,每間廠商的報價方式都不同,預計的施作細節也不一樣,基本上只有在完工後才能知道具體的規劃與報價是否符合業主需求,畢竟設計裝修就算有實體店也無法呈現施工品質差異,所以憑藉單價的高與低,是無法比較最終的結果是好是壞的,只能在參考作品集與其他渠道來遴選信任的廠商。

常見的報價單錯誤

- ・報價單格式跑版,驗算結果錯誤。
- ・施作內容數量少算多算。
- ・報價不完整,工程進行後才說明需要追加,否則可能影響工程品質。
- ・保固內容、是否有稅金未確認。
- ・材質規格口頭表述未置入報價單。
- ・未說明規費另計,容易誤導消費者。

PART 3

室內裝修許可

接下來我們將討論在裝修前的事前準備，我個人認為最重要的一點，那就是「室內裝修許可」的申請，裝修在台灣是特許行業，需要具備裝修管理乙級或室內設計乙級兩種其中一張執照才能開業以外，也明確規範了施作的材質、防火逃生、採光通風、違建檢討等細節該怎麼處理，並且由建築師及裝修單位在許可範圍內施工。現今的建築與裝修法令都在逐年調整，經常碰到屋主常常會「滿街都是違建啊」「誰誰誰裝修就不用這麼麻煩」「我們這是既有的、不會有事啦」結果呢，全部補申請還被罰錢，所以想要裝修的你絕對不能忽略這個重點哦！

Point 1. 室內裝修許可是什麼？哪些情況下需要申請？

行政院內政部頒布之建築法　第 77-2 條

建築物室內裝修應遵守規定：

一、供公眾使用建築物之室內裝修應申請審查許可，非供公眾使用建築物，經內政部認有必要時，亦同。但中央主管機關得授權建築師公會或其他相關專業技術團體審查。

· 裝修材料應合於建築技術規則之規定。

· 不得妨害或破壞防火避難設施、消防設備、防火區劃及主要構造。

· 不得妨害或破壞保護民眾隱私權設施。

二、前項建築物室內裝修應由經內政部登記許可之室內裝修從業者辦理。

三、室內裝修從業者應經內政部登記許可，並依其業務範圍及責任執行業務。

四、前三項室內裝修申請審查許可程序、室內裝修從業者資格、申請登記許可程序、業務範圍及責任，由內政部定之。

從法規我們可以觀察出兩個情況需要申請室內裝修許可：

1. 供公眾使用建築物。

2. 非供公眾使用建築物，但內政部認有必要申請室內裝修許可。

為了更好理解就是，六層以上之集合住宅（含公寓），屬於「供公眾使用建築物」；五層樓以下的集合住宅，即屬於「非供公眾使用建築物」。

透天厝，或 5 層樓以下老公寓者，裝修可不必申報。

5 層樓以下（含 5 樓）的公寓／大樓，不必申請室內裝修許可，若有「新增廁所及衛浴」、「新增 2 間以上的居室造成分間牆之變更」，那怕是調整衛浴的大小，都需要申請室內裝修許可。

6 層樓以上（含 6 層）的公寓／大樓需要。

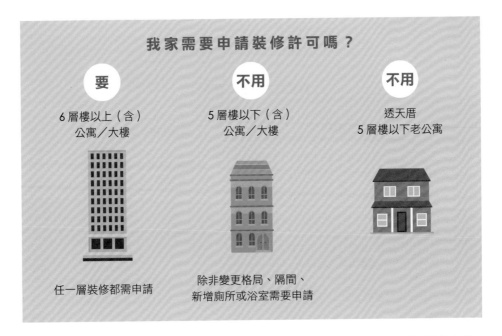

我家需要申請裝修許可嗎？

要	不用	不用
6 層樓以上（含）公寓／大樓	5 層樓以下（含）公寓／大樓	透天厝 5 層樓以下老公寓
任一層裝修都需申請	除非變更格局、隔間、新增廁所或浴室需要申請	

PS 每個裝修案場條件與配置情況不一，具體需不需要裝修許可，還需要經過建築師協助確認，且會依照修法改變標準，所以確認的動作絕不可少。

確定了房屋型態之後，再來就是裝修的內容是否需要申請許可

根據《建築物室內裝修管理辦法》第 3 條之規定，室內裝修所涵蓋的範圍包括：

1. 固著於建築物構造體之天花板裝修。

2. 內部牆面裝修。

3. 高度超過地板面以上 1.2 公尺固定之隔屏或兼作櫥櫃使用之隔屏裝修。

4. 分間牆變更。

也就是與天、地、壁有關的拆除、建造（裝修行為）都需申請室內裝修許可，而以下幾點局部改造則無需申請：

1. 家具擺設：活動家具、櫃體、擺設拆除及移動

2. 地板：鋪設或拆除木地板、架高木地板、換地磚（若需水泥墊高施工、敲掉或重作 RC 層則需申請）

3. 門窗：窗簾、活動式拉門、屏風更換

4. 牆壁：壁紙、壁布、油漆、塗料等工程

常見室內裝修工程項目	
不需要申請裝修許可	**需要申請裝修許可**
1. 油漆工程 2. 壁紙、壁布 3. 窗簾、家具 4. 活動隔屏 5. 地毯 6. 木地板（RC 樓層敲除或重做要申請） 7. 換地磚（水泥墊高地板需申請） 8. 櫃子（靠牆站的櫃體施工不用申請，但如果櫃體是作為隔間就要申請）	1. 天花板 2. 拆牆、重砌牆，或改變分間牆 3. 牆面裝修、換壁磚、貼木芯板

若未經審查程序私自裝修，或未委託合法業者進行相關流程，可依據《建築法》第 95-1 條之規定，對屋主、使用人或室內裝修業者處 6～30 萬元罰鍰，並限期改善或補辦相關手續。

名詞小百科　　簡易型室內裝修是什麼？

簡易室內裝修與二階段室內裝修審查，最主要的差別是以申請範圍的樓地板面積做判斷，非住宅類簡易室內裝修為 10 樓以下，面積小於 300 平方公尺或 11 樓以上，面積小於 100 平方公尺，且無更動防火避難設施、消防安全設備、防火區劃及主要構造者，可申請簡易型室內裝修許可，簡易裝修的費用較低。但如果你有更動內部格局，像是很多屋主小時候已經有被更動過或是買來就是與原始照圖不符，很有可能是無法往以簡易室內裝修辦理。

由於許多消費者常常用單一面向來看許可，接下來我們就模擬幾個情境，這樣就會更清楚囉！

情境 1：
我家是公寓五樓的三樓住戶，我們計畫把原本的木作隔間拆掉，然後用兩個系統高櫃區隔兩間房間。

A：需要申請

情境 2：
我家是透天厝，需要作格局調整並且新增衛浴。

A：不需要申請

情境 3：
我家是公寓的四樓，需要新增鐵皮雨遮。

A：需要申請

Point 2. 室內裝修許可資料、申請方式與費用

申請室內裝修許可必須備妥以下資料：

1. 屋主（建物所有權人）提供須裝修房屋的住址、房屋所有權人身份證正反面影本、建物權狀影本、用印授權證明，讓建築師可申請室內原使照圖，前往現場親自比對圖面確認是否有違建等問題，並製作申請「室內裝修許可證」之書圖文件後至建築師公會進行文件書審。

2. 在室內裝修施工許可證申請成功後，即可按照許可圖說開始裝潢。

3. 施工完成後，須跟建管單位申請室內裝修竣工審查，包含消防簽證及審查，待審查通過後即可取得室內裝修合格證明（竣工證明）。

Point 3. 室內裝修許可費用

許可費用沒有一定，除了專業人士比方說建築師的代辦的服務費以外，也跟你更動的格局有很大的關係，從 6 萬到 10 萬以上都是有可能的，反之如果你的裝修方向是與原始建築圖相符，也都沒有作任何變更，費用也會跟著降低！

例如窗戶需要改大一點或移動窗戶的位置，可能涉及到外牆需要做變更或者變更廁所的位置，都會影響到費用。

Hiro 的老屋課筆記

「既有違建」，可以更換成新的嗎？

看完了室內裝修許可的種種規範，就能知道政府對裝修上的把關，無論是對附近住戶的權益以及裝修上的義務，都有個標準值，讓合法的裝修廠商來施作合法的規劃，但在執行這些「合法」的施工辦法時，有時候會與民眾對空間的利用規劃有所抵觸，比方說最高樓層住戶想利用頂加、增建區域或是後陽台想規劃成廚房，不管你是房子買來就是違建、還是你從小長大的配置就是如此，當遇到室內裝修許可就是會被檢討改善，這點各位在裝修時都要注意，若是貿然施作與原始建築圖不符的項目，都有可能會被檢舉報拆！

常常聽見客戶說到既存違建、既有違建等可以施做或是鄰居都是一樣這樣作，都是錯誤觀念，這邊注意到幾個原則：

· **新違建：**

1. 通常指的是民國 84 年 1 月 1 日以後新產生之違建。

2. 劃分時間點，實際取決於各縣市政府，如台中市的規定為民國 100 年 4 月 21 日後，才是新違建。

· **既有違建：**

1. 指民國 53 年 1 月 1 日以後至民國 83 年 12 月 31 日以前已存在之違建。

2. 原則上列為暫緩拆除、免拆，進行拍照列管，納入分類分期計畫處理。

3. 大型違建、或是危害公共安全、交通、市容等，就訂定計畫優先拆除。

不過由於各縣市地方法規及法條不斷修改，我們以台北市違建規範來說明（112 年 9 月頒布）規範上開宗明義直接表示，新設違建「即報即拆」！

所以基本上你在室內裝修許可的流程之下都會被檢討改善，有的可以保留，有的必須拆除，就依照各縣市最新地方法規來處理，也在此勸告大家，若是執意裝修成違法狀態，就要背上被檢舉的風險。

PART 4

裝修預算分配心法

一般來說在裝修老屋時，在預算分配上往往都會不知從何下手，除了每一位居住成員的需求、喜好都要顧慮到以外，屋況瑕疵與一些必要的共同項目，分配上總是非常掙扎的，在久久一次的翻新工程，每位屋主都希望盡善盡美，但現實情況中預算會允許嗎？我們又該怎麼分配，才不會在規劃時期過於冗長而延誤了希望完工的日期呢？以下準備了四個確認、三種分配法則，教你如何用最短的時間與規劃團隊達成共識、討論不卡關！

Point 1. 釐清 4 大確認要點

要點 1：格局是否要需要調整？

三十年前建造的房子，內部的格局與動線相信你我都非常熟悉，時至今日，科技的進步與人們習慣的改變，也讓裝修的屋主希望透過這個機會，改造成符合自己希望的樣子，所以將近八成的民眾都會選擇格局調整，不過預算有限的客戶，我們就非常建議用不動格局的方式翻新，尤其是小家庭，用最小的格局調整滿足需求，可以省下不少的開銷。

要點 2：衛浴數量是否需要增加？空間大小是否要調整？

這是老屋翻修的核心項目，因為衛浴翻新可以說是牽涉到最多工種的區域，已超過三十年的老屋來說，拆除磁磚打回毛胚、防水層重建、管線重接、衛浴設備更換，少做一樣都不行，正因如此光是翻新就要價不斐了，何況屋主可能覺得廁所不夠要再增加一間，重建與翻修是兩個不同程度的工程，預算會大大的增加，另外也有屋主敲掉半間衛浴要整個加大，費用同重建一般差不了多少，所以想節省預算，就要看既有的衛浴是否有符合自身需求喔！

要點 3：漏水壁癌 / 結構補強的修繕程度？

什麼意思？這些問題都非常嚴重，當然要修到完全沒問題啊？怎麼還會問什麼程度呢？沒錯，你沒聽錯，只要跟漏水與結構補強都會有不同的工法及有效期限，就拿樓頂來說，碰到防水全部失效且影響到下方樓層中的鋼筋鏽蝕、水泥塊崩落，每個人對於修繕好的定義就差很多了，往往屋主只會在意結果，施工後會不會再次滲漏，但卻不清楚其本質，防水塗料塗個三道五道也是止漏，打掉原有的結構重新建構防水層，在上防水塗料也是止漏，差異點在保證年限的不同，但價格也會差距非常大，但這並不是指上塗料不好，而是要每隔三年左右檢查是否需要養護，我的建議是把總預算的一部分單獨拉出來，了解施作程度上的差異與花費，因為是必要項目，這樣才能推估多少預算用來整理室外室內，預算不爆表。

要點 4：屋內物件是否延用？

提供幾個方向給大家參考，地面是否尚能沿用？沿用會不會有什麼問題？常見的沿用例如磁磚，在未發現空鼓的情況下，可以考慮是否直接鋪設超耐磨木地板、SPC 石塑地板，這樣就可以省下一筆拆除整平的費用。另外，通常二十年內的房屋鋁窗都還堪用，除非真的隔音氣密效果已經很差了，不然不一定要更換，另一種就是可以選擇包框的方式來省去拆除鋁窗框的費用，最後是冷氣，通常一般住家的冷氣設備的添購，動輒也要二三十萬甚至更多，如果剛買不久或是狀況不錯，其實可以詢問冷氣業者能否做清潔保養，並且於裝修完成後再送回安裝，雖然不是每個業者都有這項服務，總之有問有機會！

左／浴室翻新涉及工種較多，如果還需要挪移位置或增加衛浴間數，更會大幅增加裝潢費用。**右**／如果買到頂樓老屋，還得多增加一筆防水工程費用。

Point 2. 快速找到最適合的預算分配－三大分配心法

1. 經濟分配法

經濟分配法的關鍵在於能不動就不動、格局位置皆不調整、門窗堪用就繼續使用，把預算重點花費在裝潢與氛圍營造之上，也就是我們常聽到的輕裝修路線，裝修重點為天地壁重整、衛浴設備更新、廚具更新，即使是已經過了幾十年的建材，在勤養護、無異狀的條件之下不去做更動，可以省下不少的預算，當然這樣的方式也會有缺點，以水電部分來說，裝修完成後如有出現問題基本上都會以明管銜接，許多舊的裝潢上只能用漆面整合室內色調，整體看上去還是會有質感上的差異，有一好沒兩好，如果是節省預算先決，就必須接受這些點。

裝修重點

可做 ✔	可不做 ✘
天地壁重整	格局調整
衛浴設備更新	門窗堪用可保留
廚具更新	

2. 平均分配法

平均分配法是最簡單且最不用傷腦筋的心法,使用〔裝修坪數〕直接概抓預算總額,第一步排除冷氣、傢俱、家電,得到你的總預算區間除以〔裝修坪數〕得到你的單坪預算,以老屋翻新要把水電全室更新、格局需要調整來說,光是基礎工程基本上都8～10萬左右/坪,如果希望再增加收納系統、天花板、造型木作等實用好看的設計規劃,可能就會來到12～15萬左右/坪會較能達成目標,評估時也可以先用此方法在做刪減或增加項目,因為需求有時並非屋主會想到的,適當的引導可以讓居住者更理解老屋翻新有哪些細節該注意,而不是為了預算上的共識,最後該處理的沒處理到,造成裝修完後悔的窘境。

預算平均分配

老屋完成度	費用
基礎整修	8～10萬左右/坪
增加收納、設計規劃較為完整	12～15萬左右/坪

3. 焦點分配法

焦點分配法的核心是點出除了基礎工程之外,屋主在家中最在乎的區域來優先規劃,是屬於〔區域型〕強化的分配法,當然每個人習慣都不同,著重的領域也不同。

- **公領域集中預算型**。有部分屋主經常邀請三五好友來家中作客,無論是打打麻將、休閒娛樂、泡茶聊天,家中的客餐廳就是一個社交據點,自然會希望預算優先分配於此,或是希望家中有設計感但預算有限的客戶,把設計與氛圍打造留在起居室之外,適合客餐廳較大的格局。

- **主臥主衛浴預算焦點型**。客餐廳格局不大時使用家具軟裝點綴公領域,把主臥與主衛打造成自己最理想的樣式,系統衣櫃、天花板、間接照明、氛圍吊燈、衛浴基礎乾濕分離,空間夠大在加浴缸且裝上暖風機、更衣間再加上小書房,走一個寵愛自己的路線,進房間就像回飯店般享受。

- **廚房中島互動與餐桌預算焦點型**。餐廳廚房對一位愛下廚的女主人來說,此處就是他的伸展台,在近年來電器設備越來越多功能,傳統的收納上下櫃與一般電器櫃已無法滿足現今的設備收納量,另外有條件的話,中島結合餐桌也是有著無法抵擋的魅力,雖然時下吃飯配電視的人越來越多,不過重視此區域的屋主都會期待裝修之後,家人相聚在餐桌用餐的時刻。

- **居家辦公區與多功能空間預算焦點型**。自從疫情之後,遠端工作突然掀起一股旋風,許多屋主開始會在家裡辦公閱讀,另外在生育率較低的現在,格局調整經常是把有使用的臥室加大,用不到的臥室不是拆掉就是改變用途,有時客廳過大也是改造動機,因此書房與多功能室就變成熱門選項,多功能室的特色是不限定功能,可以是兒童遊憩區、運動伸展區、冥想空間、親

友暫居留宿等使用，而書房或辦公區就是 Freelancer（自由接案的工作者）與有閱讀喜好的屋主的標準配備。

焦點分配法

區域	設計重點
公領域集中	· 適合客餐廳較大的格局。
主臥主衛浴	· 客餐廳格局使用家具軟裝點綴。 · 主臥包含完整更衣間、書房。
廚房中島互動與餐桌	· 中島結合餐桌。 · 完善的電器設備收納。
居家辦公區與多功能空間	· 次臥調整成多功能室。 · 多功能室結合遊戲區、運動區、臨時客房。

PART 5

裝修翻新工期制定及暫居規劃

相信各位只要找到任何一位設計師或是規劃人員，丈量後聽過廠商的提案後，大家都會對工期有個概念，而工程所需的時間，會根據規畫的內容與屋況有直接的關係，簡易裝潢的輕裝修到嚴重的壁癌漏水全室翻新，都有不同工序與對應的安排，然而裝修中勢必搬遷至暫居的住處，像是購買中古屋交屋後就開始要繳房貸了，這時原本住處是租房族就會有一筆不小的開銷，所以關於裝修過程中的大小事與工期應該要有的時長，就必須有正確的觀念與準備！

Point 1. 工期制定篇

工班掌握度與好的售後服務在業界基本上都是建立在穩定的配合與案件量，反之如果案件不穩，工班的品質、工期控管就很難跟案件量體大的客戶比較。

從諮詢到完工，帶你走過每個步驟

事前準備—1 個月工作天
· 現場丈量、場勘現況
· 提案會議、繪製平面圖、裝修預算書草案、風格提案簡報
· 施作內容圖面、建材挑選、合約簽署

室內裝修許可—2 周工作天
· 建築師會勘紀錄
· 核發施工許可證

工程啟動 —3 個月工作天
· 拆除工程 · 隔間工程 · 水電工程 · 泥作工程
· 木工工程 · 油漆工程 · 地板工程 · 衛浴安裝工程
· 系統櫃／廚具安裝工程 · 清潔工程

室內裝修竣工—1 周工作天
· 驗收交屋

註：以上時間預估不含行政流程／各機關審查／國定假日

特殊節慶像是過年期間、中秋節、連續假期的前後都是各工種最忙碌的時候，裝修中每個階段與屋主的討論到工班銜接施作牽一髮動全身，每一步往後推遲就會影響到後續排程，所以妥善的把每個細節都確認定位、設計師隨時保持與屋主的聯繫才是最理想的狀態，另外因天候不佳之不可抗力因素，基本上在室外的工種都會延遲，除了安全性問題之外影響的時間長短也不好預測，所以設計師與屋主在這個點上都要有共識才行哦！

Point 2. 暫居規劃篇

裝修進行中，暫居規劃也是一件重要的事，整個翻新工期基本上都是要抓五個月左右，所以基本上住戶考量在外租房子都可以抓半年的時間，比較不會手忙腳亂，當然大家平常都要上班，找到理想的租屋處是需要花時間的，不過因為每個屋主的居住需求，一時半刻不一定找的到合適的物件，所以推薦幾個小撇步給大家

小撇步 1

請仲介或租屋公司幫忙找理想物件及溝通，無論是寵物問題或是要指定物件，都可以請業者協尋理想屋型，運氣不錯遇到好房東甚至可能商量是否不要扣除押金。

小撇步 2

利用市面上的空間出租，把需保留的物品放置在個人倉庫中，無論是保留冷氣或家具，在租屋的房型挑選也會變得更彈性。

品牌特色：全台超過 50 間門市、全天候線上客服，而且有 24 小時監視錄影，以及倉庫內濕度維持 60%。

PLUS 1 | 集合式住宅／大樓 管委會裝修規範

近三十年左右的屋齡，房屋型態由公寓轉為大樓為主要型態，隨著人口數的增長、城市越來越繁華，透過建築的技術提升，讓建商開始思考，如何在一塊土地上，可以拿多少來建造房屋，那一棟大樓人若是多了就會需要些合理的規範來約束每位住戶，民國 84 年起，隨著公寓大廈管理條例公佈，針對住戶權利與義務、管理組織、罰則等方向，保障每位住戶在居住時的權利不互相影響，此篇我們就來了解與裝修相關常見的一些規範有哪些？

大樓管委會需要你配合的 4 件事！

1. 室內裝修許可

以住宅來說，若是你家並非透天厝，是 6 樓以上的公寓／大樓，有裝修行為就需要申請室內裝修許可證。

2. 清潔費

清潔費用是為了在裝修結束後清理公共區域而收取的費用，這可能包括清除施工過程中產生的塵土、垃圾，以及清洗受到污染的地面和牆面等。清潔費用的具體金額可能會根據裝修規模和對公共區域的影響程度而有所不同。

3. 裝修保證金

裝修保證金是由裝修戶預先支付的一筆款項，作為保障裝修期間對公共區域可能造成的損害的一種財務保證。如果裝修期間未造成任何損害，或者裝修後的清潔和恢復工作得到妥善處理，這筆保證金通常會全額退還給屋主。保證金的金額和退還條件應在裝修前與管理委員會明確約定，並可能根據社區的具體規定而有所不同。

4. 施工規範

基本上工程中一定會發出敲敲打打等工程的震動及異音，為了維護住戶權益，管委會都會規範該社區的裝修時間，指定乘坐貨梯以及不得從大門進出料也是很常見的，施工前必須與大樓管委會或總幹事確認裝修該注意的細節哦！

這些措施和費用的設定，是為了確保裝修工程不會對其他住戶造成不必要的麻煩和損害，並保護公共區域的清潔和安全。在開始裝修前，屋主應詳細了解並遵守社區管理委員會的相關規定，以確保整個裝修過程順利進行。

室內裝修許可證或施工規範

新北市簡易室內裝修施工許可證

《本許可證影本應張貼於裝修地址之主要出入口明顯位置作為工程告示》

　　本案址建築物室內裝修工程，未涉及主要構造、防火避難設施、防火區劃及消防安全設備之變更，並符合「建築物室內裝修管理辦法」第33條規定，由依法登記開業之建築師或室內裝修業專業技術人員查核室內裝修圖說及結構安全部分，業經檢討簽證符合規定並簽章負責，准予進行施工。

　　施工期間除應遵守公寓大廈住戶規約及區分所有權人會議決議事項外，俟工程完竣並經依法登記開業之建築師或室內裝修業專業技術人員查驗合格後，應檢具相關文件向新北市政府工務局建照科申請核發室內裝修合格證明，始完成室內裝修申辦程序。施工過程如有涉及違章建築(如陽台外推)、破壞樑柱、施工噪音擾鄰或違反勞工安全衛生等情事，得報請有關單位查處。

　　依據新北市政府110年10月25日新北府環空字第11019696401號公告規定，於本市各類噪音管制區晚上10時至翌日上午8時及例假日或固定假日中□□□□□□2時及晚上8時至翌日上午8時，不得從事室內裝修工程使用動力機械操作行為，違反□□□□□□單位查處。但公寓大廈規約或區分所有權人會議決議另有規定者，從其規定。

裝修地址	
施工期間	本施工許可證自核准日起，6個月內施工完竣。 (得經本府同意申請展期6個月，並以一次為限)

裝修住戶		連絡電話	□□-□□□□□□
簽章人員		連絡電話	□□-□□□□□□
施工廠商		連絡電話	□□□□□□□□□

相關單位□□□□	室內裝修施工許可核備章
社團法人新北市建築師公會 □□□□□□□□	
新北市政府工務局建照科 2960-345□□□□	（社團法人新北市建築師公會 簡易室內裝修施工許可核備章 113. 1. 03 電話:02-2962-9250）
新北市政府工務局使用管理科 2960-3456 轉 8945	
新北市政府違章建築拆除大隊 2207-5911	
新北市政府環保局環保專線 2953-2111	（由審查機構用印）
核准字號　　　核准日期	113 年 1 月 3 日

※　本許可證由主管機關授權審查機構代為核發，並請張貼於裝修場所之出入口明顯處。

※　資料內容如有更動，應主動向審查機構換發室內裝修施工許可證。

※　擅自竄改室內裝修施工許可證所載任何內容(例如：裝修地址、裝修住戶等)、或偽造簽章人員、審查機構等之署押及印文等不法行為，均為我國刑法偽造文書印文罪章所規範並處罰。

本案辦理一定規模以下免辦理變更使
用執照許可部分另案送請工務局審查

工程準備開始了！該做的「保護」你準備好了嗎？

舉凡大大小小的工程，在開始動工時無論是承包商或是屋主都必須瞭解到「保護工程」的重要性，不論是新成屋、還有公寓透天的型態，並非只是老屋翻新才需要的哦，而且保護的定義也非常的廣泛，從整個裝修的面向來看，像是搬運路徑：建材穿過門洞和窗洞、人員等，視現場情況來評估是否設置保護措施，所以通常是由設計師或是管委會提出保護建議及規範。

為什麼要做保護工程？

在進行裝修工程時，施作保護工程是一個重要的步驟，主要是為了保護現場的各種表面和設施以及公共空間，避免在施工過程中造成不必要的損壞。這樣的做法不僅有助於維持建築物的整體狀態，而且也可以減少額外的修復成本和時間。

首先，我們需要理解裝修工程往往伴隨著大量的人員進出、裝修行為，比如搬運、鑽孔、敲打、塗刷等。這些活動易於產生灰塵、顆粒，甚至可能對牆壁、地板、天花板等表面造成刮擦或撞擊。如果不進行適當的保護，這些表面很可能會受到損壞，比如出現刮痕、凹痕或者顏色褪化等問題。

為了防止這種情況的發生，施工團隊通常會在施工前採取一系列的保護措施。例如在地板上鋪設保護夾板，以防止刮擦和污漬；在牆壁或者家具表面覆蓋防塵套，以免灰塵和顏料滴落；甚至在某些敏感設備周圍搭建臨時的防護結構，以防止意外撞擊。這些措施雖然會增加一定的前期成本和準備時間，但從長遠來看，能夠有效避免因裝修引起的附加維修費用和時間。

如果不進行這些保護工程，後果可能是多方面的，且意想不到的。首先，未保護的表面很容易受到刮擦或撞擊損壞，導致需要進行額外的修補或重塗。此外，灰塵和顏料滴落可能會污染地毯、家具或其他裝飾品，這不僅影響美觀，而且清潔起來相當困難。更嚴重的是，如果施工過程中損壞了一些重要的結構或設施，比如電線、管道等，可能會導致安全隱患，甚至需要重新進行大規模的修復工作。

在住家大樓的公共空間進行裝修，首先要考慮的是對居民日常生活的最小干擾。這些區域是居民每天出入的必經之路，因此在進行裝修時，需要特別注意減少對居民正常生活的影響。例如，裝修工作應該在非高峰時段進行，以避免在人流高峰時造成堵塞或不便。

其次，保護工程在社區大樓的角度也有不同的型態。走廊、樓梯間等區域通常會有牆面、地板、照明等設施，這些都需要在裝修過程中妥善保護，由於這些區域通常空間較為狹窄，裝修時產生的灰塵和噪音更容易影響居民，因此需要加強防塵和隔音措施，並且保證消防設施、緊急逃生通道的暢通和安全標識的清晰可見，另外裝修材料和工具的存放需要嚴格管理，避免造成障礙或潛在危險。

最後，與居民的溝通和協調也是成功進行公共空間裝修的關鍵。在裝修前，應該與住戶充分溝通裝修的計劃、時間表及可能造成的不便，並在裝修期間持續更新進度和相關信息。這樣可以提升居民的理解和配合，並及時解決可能出現的問題。

常見的保護工程有哪些？

在進行住宅大樓或公共空間的裝修時，對於不同的區域和元素，常見的保護工程會有所不同。以下是常見保護工程種類及目的：

・電梯

內部保護：在搬運材料時，使用防撞條、厚紙板或夾板覆蓋電梯內壁和地板，以防劃痕和撞擊損壞。

控制使用：在裝修期間，可能需要指定某部電梯作為專用貨梯，以減少對住戶正常使用的影響。

・走道

地板保護：在走道地板上鋪設防滑、耐磨的夾板或地毯，避免刮擦和汙漬。

清潔維護：定期清理走道上的施工殘留物，以維持通行安全和整潔。

・門框和窗框

覆蓋保護：使用膠帶和保護膜封住門框和窗框，避免油漆滴落或灰塵積聚。

防撞措施：在裝修期間，可在門框和窗框周圍設置警示標誌或軟墊，防止工人或材料撞擊。

・運送搬運

路徑規劃：提前規劃搬運路徑，避免經過易受損的區域。

使用運輸工具：使用手推車、滑輪等工具便於運輸，同時減少地面的壓力和損壞。

左／施工現場地板也要鋪設耐磨夾板，避免汙漬和刮傷。**右**／梯廳部分做好保護工程，才能減少手推車或是其他工具運輸時所造成的損壞與壓力。

PLUS 2

舊有家具清運

廢棄物又分一般廢棄物清運、裝潢廢棄物清運、營建廢棄物清運、事業廢棄物清運、大型垃圾清運等 5 種類，改造翻新在即，許多民眾其實把專業的規劃與施工交給我們後，如果因為上班過於忙碌或是樓層過高需要專業人士協助清運，就會需要安排一筆預算，但想在更節省預算的話，提前上網拍賣或是聯絡環保局是可以自行處理安排的，不過得依照相關的規定與流程，且切記一定要做好功課並且打電話問清楚所在地區的清潔隊，否則被檢舉亂丟垃圾或是妨礙道路交通與安全，反而是要吃上罰單，省錢變賠錢。

裝修時常見的大型家具和廢棄物 4 大分類

1. 建材

磚塊、木材、石材、鋼筋、磁磚、水泥、隔板、管線、廢土、塑料、橡膠等。

2. 大型傢俱

包括電視櫃、沙發、彈簧床、書桌、床架、書櫃、層架、桌子、椅子、鞋櫃、魚缸、立鏡等。

3. 大型家電

檯燈、電視、冰箱、洗（烘）衣機、烤箱、微波爐、電鍋、氣炸鍋、冷凍櫃、電動按摩椅等。

4. 居家裝潢

卡榫拼接地板、黏貼壁貼、磁磚、門（框）、窗（框）、玻璃、馬桶、洗手台等。

清運和回收的方法與流程

1. 社區大樓回收場

與社區管委會聯繫，將大型家具在指定時間搬至回收區域。

2. 環保局和清潔隊

透過預約，將物品搬至約定地點等待免費清運。

3. 捐贈和二手拍賣

將可用的大型家具和家電捐贈或透過網路拍賣。

4. 民營垃圾清運公司或委託裝修業者

適合需要處理裝潢廢棄物的家庭。

環保局大型家具回收：適合哪些人？

環保局提供的大型家具回收服務是一項無需自費的便利選擇，適合於特定條件下使用。以下是適合利用此服務的民眾類型：

適合使用環保局清運服務的民眾：

1. 擁有少量大型家具

對於那些在搬家過程中只需處理少數大型物品的個人或小家庭，如單件床墊、行李箱或立櫃，環保局的清運服務是一個理想的選擇。

2. 物品符合清潔隊指定回收範圍的民眾

雖然政府清潔隊提供免費服務，但並非所有大型物品都符合其回收標準。民眾應查閱相關環保局連結，以確認其物品是否符合資格。

3. 能夠自行運送物品至指定地點的民眾

民眾需於回收前一天聯繫政府清潔隊預約清運服務，並在約定時間將大型家具搬至指定地點。請注意，為了減少對市容和交通的影響，清運服務通常要求民眾在指地時間才能放置物品。

這些服務旨在維護市容整潔，並為民眾提供方便的大型廢棄物處理方式。適當利用這些服務，不僅能幫助個人管理家中物品，也能促進社區的環境保護。

環保局大型家具回收：可回收的項目

1. 巨大廢棄物係指一般家庭或住戶所產生之體積龐大廢棄家具

2. 彈簧床墊、床組、沙發、桌椅、櫥櫃（保持物件原型，否則容易被認定為裝潢廢棄物）

3. 家電用品

電風扇、抽油煙機、瓦斯爐、大型飲水機、電視機、電冰箱、洗衣機、冷氣機。

4. 其他

手推車、腳踏車、大型行李箱、樹枝及個人自行修繕之非石材類廢棄物（以環保局清潔隊依實際收運數量或是否為裝修業主修繕認定是否可收運），裝潢廢棄物請民眾自行委外處理。

Chapter 3

準備好就開始翻新囉！

「解決老屋最棘手的工程問題才是關鍵！」

接著進入到本書的重頭戲，老屋翻新工程介紹與常見的問題，這個環節我們依照老屋翻新的經驗與各位分享，從發現問題、如何處理、預算考量、以及後續的設計規劃統整，一併的剖析，過程實屬不易，這也是老屋最棘手的部分，也有許多專家在工法建材上陸續研究，希望可以將居住安全與舒適度一起朝著正向發展！

屋況瑕疵種類及整治方式

上半段章節以老屋的漏水問題為主，漏水可能源自廁所防水層、窗框、外牆、頂樓、鐵皮、管道等多個部位。科技抓漏和傳統測漏各有優劣，前者成本高但結果更精準。後半段的章節介紹結構耐震，政府對於弱層補強的補助和申請資格支持至關重要，保障居民生命安全。處理老屋問題需要專業知識、耐心和資金，有了這些資源，我們可以更有規則的使用這些方法來整治現有問題。

Point 1. 漏水

一般來說，屋齡高於 30 年的房子會被歸類為「老屋」，老屋會面臨到防水層老化問題、排水系統故障、牆面填縫因熱脹冷縮擴大等，這些問題都讓「水」有機可乘，牆面會因為漏水出現壁癌問題，時間更久甚至可能還會有鐘乳石出現！換句話說，房子因為老化，一定會出現故障問題而導致漏水，因此不只人需要保養，房子也需要進行修繕保養！

老屋常見的漏水問題

以下根據不同的漏水問題，深入說明檢測方式及後續修繕方式：

1. 廁所防水層

一般是樓下鄰居反應天花板漏水，才會懷疑廁所防水層失效。會先使用水分計測量廁所地板水分含量，接著會在地板進行淹水測試，淹水測試會在水中混入螢光劑或色粉，並再過一段時間後，使用螢光手電筒去找尋水的流向，或者找到色水顯現的位置。若確定判定為廁所防水層失效，則需整間浴室地板敲掉重新上防水，通常施工費用較高，工期也較長。

2. 窗框

會懷疑窗框有漏水問題，可能是牆面有
壁癌，或者是下雨的時候真的有滲水的
情況。窗框漏水的檢測，會先使用熱像
儀拍攝窗框附近的影像，判斷窗框附近
是否有低溫的情況，低溫意即牆面可能
較潮濕，含有水分，因此該區域溫度較
低，使用水分計測量灑水測試前後的數
值差異，確認窗框是否有水分含量異常
的情況。一般來説，窗框漏水大多與外
牆防水失效有關，又或者外牆有裂痕，
甚至是樹根鑽入撐破防水層。根據防水
施工面積大小不同，工期以及費用落差
較大。

3. 外牆

外牆漏水問題通常出現在樓層接縫處，可能是當初施工填縫不夠扎實，導致水會從防水層沒有
保護到的地方滲入，進而造成壁癌，牆面甚至發生鈣化現象。一般來説，都是因為室內牆面壁
癌，使用水分計及熱像儀交叉檢測比對
位置後，做出外牆防水層失效導致漏水
的結論。需要去排除的是，不是排水管
破裂進而導致的漏水。外牆漏水的修繕
一定從根本下去著手，基本上是「打掉
重練」，重新進行牆面防水工程，如果
選擇「粉飾太平」，甚至是用裝潢蓋過
去，時間久了牆面依舊會因含水量高，
不只直接造成裝潢損壞，還有可能進一
步鏽蝕鋼筋，得不償失！

4. 頂樓

頂樓漏水問題只會出現在頂樓戶或透天
厝，天花板出現壁癌，甚至是出現外面
下大雨，裡面下小雨的情況。會先使用
水分計進行初步數值測試，若含水量不
明顯，就會在頂樓架設出區域進行淹水
測試，確認是頂樓防水層滲漏，才會進
行修繕作業。頂樓防水最困難的就是因
為面積較大，要有長時間的晴天，所以
台灣的夏天非常不適合進行防水施工，
遇到突如其來的午後雷陣雨或颱風，前
面全都白做工。費用的話，若有社區管
理委員會，一般會要求管委會進行處
理，因此費用就會由社區支出。

5. 鐵皮

鐵皮漏水問題可說是最直接的漏水問
題，為什麼這樣説呢？因為通常顯現的
狀況都是「屋外下大雨，屋內下小雨」！
鐵皮漏水通常都是源自於螺絲孔處，或
鐵皮相疊的交縫處，大多都是因為這些
接縫填補的矽利康失效。鐵皮漏水的最
快的檢測方式並不是使用儀器，而是請
專業的工程人員，直接到鐵皮上進行巡
檢，並將舊的矽利康刮除，填補新的，
千萬不要想説這點小工程就自己施作，
許多人未將舊的矽利康刮除，直接填補
上新的，可能造成更多縫隙的產生，完
全沒有解決到問題！

6. 管道間

最難進行責任釐清的漏水問題非管道間莫屬！畢竟管道間屬於公共範圍，而且漏水範圍往往非常大，漏水源頭如果位處頂樓，甚至有可能從頂樓以下的住戶都是受災戶，只是嚴重程度的不同。進行管道間漏水的檢測必須使用工業

內視鏡探查，因管道間空間通常狹隘，人無法進入，透過內視鏡的鏡頭深入管道間內，再透過影像傳輸到主機螢幕上，一層一層去尋找正確的漏水位置，因為公共管道間管路多，有時候內視鏡甚至會卡在某層樓板，而造成檢測時間非常耗時，從 2 小時到 10 幾小時都有可能。但如果找到原因，管道間漏水的修繕相較之下較容易，修繕工程也毋需耗費多日。

7. 排水管

排水管除了管裂造成的漏水外，還會有堵塞問題造成的回流，一間房子的排水管不僅是我們天天看到的浴室地排，還有冷氣排水管、糞管等等，因此排水管漏水問題，第一步是要先找出相對應的位置，漏水狀況發生的位置，相對應最近的排水管位於哪裡，再使用內視鏡下去查看檢

測。若沒有內視鏡下去確認是否是排水管的問題，直接進行修繕，簡單來說就是場賭博，也有可能修繕工程結束就不漏水了，也有可能根本修錯地方。排水管的修繕工程面積可大可小，取決於漏水的位置以及排水管的損壞狀況，但通常都必須把牆面挖開，找到管損位置，重新接管。但相較防水層漏水，也是相對好解決的！

老屋漏水檢測方式

1. 傳統測漏

今天家中遇到漏水狀況，我們多會選擇聯絡家中附近，或曾經配合過的師傅，約定好時間來家中確認漏水問題。師傅大多透過目視的方式，也就是說「用看的」，告知可能的漏水情況，不外乎是防水層失效、排水管破裂等原因。確認好修繕的時間，還要向公司請假，到了約定的時間，師傅來到家中，把整間浴室磁磚敲除，或直接把牆壁挖開一個洞，搞得家裡烏煙瘴氣，到處都是粉塵和腳印，結束後還要花大把力氣和精神把家裡整理乾淨，這些修繕過程，想必只要有經歷過的人一定歷歷在目。更令人崩潰的是，修繕完漏水問題完全沒有獲得改善，打電話給師傅，卻只得到「你再多觀察幾天」的回應，花費了時間、精神和金錢，卻完全沒有解決問題，這想必是最心痛的時刻。

為何會遇到這樣的問題呢？一般傳統師傅大多靠「經驗」去判斷可能的漏水原因，雖然每間房子的構造不同，環境也不同，但因為漏水的情況其實大同小異，因此他們透過修繕進行刪去法，如果修防水層沒改善，那或許下次我去修管路就有用了！這對屋主來說實在是非常沒有效率，但對傳統師傅來說，經驗正是他們最大的「賣點」，他們是靠著經驗去賺錢！

2. 科技測漏

為了解決「經驗」可能造成的風險，有些師傅轉而添購能夠輔助漏水檢測的儀器，進行「科技測漏」，透過儀器檢測可達成「非破壞」的優勢，透過儀器的結果，來判定可能的漏水原因，並透過多重測試之下，最後得出精準的結論。若漏水問題嚴重到需要走上法院，法官也會要求第三方進行科技測漏，藉儀器測量的結果去釐清責任歸屬。常見的測漏儀器有：工業用內視鏡、紅外線熱顯像儀、混凝土水分計等等，不同的環境會使用不同的測漏儀器，例如管路或管道間的探查會使用內視鏡，壁癌的檢測就會使用熱像儀或水分計。但因為儀器添購成本高，相對來說科技測漏的服務費也高，大多科技測漏服務會先進行「初勘」，透過先進行勘查漏水狀況，初步了解後，再決定需要使用到的儀器，因此收費會分成「初勘費」以及「儀器檢測費」兩筆。

通常來說，科技測漏會進行不止一種的檢測，去多方佐證儀器的結果，與師傅判定的結論相符，例如透過水分計測量浴室地板，水分含量結果偏高，會再進行地板的淹水測試，再使用熱像儀

拍攝樓下的天花板，以此去證明的確是防水層漏水。雖然科技測漏能夠更加精準的判定漏水原因，但從檢測到得出結論，再進行修繕，中間時間相隔數天到一個月都有可能。因此，科技測漏並沒有絕對的優劣，它與傳統測漏之間有不同的切入點，但在實事求是，講求證據的時代，科技測漏是蒐集資料最好的方式！

留意儀器測漏的 3 大 NG 誤判

1. 管內未清潔，內視鏡誤判機率大增

內視鏡會受到環境有所限制，比如說管徑大小，視角所能看到的畫面，這也導致有機會發生「看到黑影就開槍」的狀況！「這是裂痕吧？」、「這是管破的位置嗎？」想必是許多使用者在使用內視鏡查看管路的時候心中會產生的疑惑，因此往往會建議在進行內視鏡檢測前進行管內清潔，避免看到不明的附著物就當作是裂痕，又或者是內視鏡才剛穿進去，就遇到堵塞，都已經花了錢請人來檢測，卻沒有達成目的，得不償失！

2. 紅外線熱像儀＝X 光？

YouTube 流傳著許多影片，拿出熱像儀一照，管路全都原形畢露，只要有擴散暈開的地方，就是管子破掉的地方！實際上熱像儀真的就像 X 光機一樣這麼神奇嗎？可以直接拍攝到房屋的所有結構嗎？答案是絕對不可能！熱像儀觀測到的是物體發出的熱輻射，也就是說熱像儀只能拍攝到物體的「表面溫度」，而不是物體的內部溫度！因此熱像儀不是 X 光機，需要製造出管內外的溫度差異，才有機會拍攝到管路的走向。你有注意到嗎？重點是「有機會」，因此也有可能因為管路埋得太深，或管路與牆面中間有空氣夾層，導致熱無法傳導出來，這時候即使拿出再昂貴的熱像儀，都有可能照不到管路的位置！

3. 混凝土水分計數值判讀

看到師傅拿著水分計在牆面上到處貼，這邊量一下，那邊也量一下，有時候遇到水分含量比較高的地方，機器還會嗶嗶叫！難道只要水分含量超標，就代表那個區域漏水嗎？NO！水分計的測量應該在同一區域進行數值的比較，同一牆面、同一水平高度，但不同點的數值去做比較，或者是檢測前後的數值去做比較，比如說窗框灑水前後周圍牆面的水分含量數值差異。這是因為水分含量會根據環境有所差異，建物所處的環境含水量就比較高，進而影響到建物的牆面含水量，因此水分計是無法根據單一點去斷定結果的！

左／混凝土水分計測試水分含量示意。**中、右**／紅外線熱像儀透過 X 光找尋溫差較大區域判別漏水情形。

Hiro 的老屋課筆記

儀器檢測是輔助，不是絕對的結論！

許多人可能會以為使用儀器檢測就 100% 得出結論，但其實儀器所檢測的結果是用來互相佐證的，絕對不是只做單一項檢測，就可以馬上推論出結果是哪裡漏水？應該修繕哪裡？目前以法規來說，還沒有一個標準來判定如何檢測是符合標準的，根據不同的案場，會使用到的檢測儀器有所不同，不應該以儀器的價格當作參考值！在科技抓漏可能會造成消費者的迷思，會認為百萬等級的熱像儀就絕對值得信賴！沒有配備水分計就是爛師傅！但事實上應對於師傅儀器的選擇，以及測試過程給予十足的信任，這些儀器實際上是輔助他們的工具，師傅們的專業才是主角！更多的溝通，更多的提問，漏水可以不成為你生活上的痛苦，而是能夠被解決的問題！

Point 2. 房屋軟腳問題－私有建築物耐震弱層補強

此篇章為老屋瑕疵較為嚴肅的一個章節，也是早期建造的房屋特有的問題－結構耐震不佳、軟弱底層支撐不足等高風險的屋況瑕疵，在 921 大地震之後，大家對結構穩不穩固、住的安不安全越來越重視，政府也開始積極推動補助措施，希望能讓民眾遇到這些問題，能夠有對應的處置方式、資金與承辦渠道，這並非是室內裝修的範疇，而是由政府補助、結構技師、營造業者等多專業單位聯合操辦，讓我帶大家科普一下，弱層補強的重要性。

何謂弱層補強？

耐震弱層補強是一項重要的防災措施，旨在縮短建築物在等待都市更新拆除重建或全面補強期間的耐震能力提升時間。這項措施確保了在居民意見尚未統一搬遷安置和籌集經費等問題解決之前，建築物能夠抵抗地震的能力得到臨時性的增強。

弱層補強補助與申請資格

弱層補強的目的是為了消除建築物中可能存在的軟弱層，這樣做可以用相對較少的經費顯著減少建築物在地震發生時瞬間倒塌的風險，從而保障人們的生命安全。以下是有關補助私有建築物的標的和申請資格的整理，以及提供了三種不同的補強方案（A、B、C方案），並根據補強工程的規模提供相應的財政補助，以鼓勵和支持補強工作的進行。

補助私有建築物標的

公寓、住宅大廈、住商混合大樓：住宅使用比率達到二分之一以上的建築物。
連棟透天厝：補助對象限於非單一所有權人的建築物。

補助申請資格（方案A、B）

建築物資格：
耐震能力初步評估結果危險度總分超過 30 分。
耐震能力詳細評估結果顯示需要補強或重建。

方案	目標	優點
補助A方案	針對軟弱層施作耐震補強。	· 利用底層的公共空間進行耐震補強，降低住戶居住空間的影響。 · 底層耐震補強工期短 · 施工期間仍可居住，減少搬遷安置問題。 · 補強經費相對節省。
補助B方案	不只補救軟弱層，更能達到法規標準耐震力的八成以上。	· 補強範圍較廣，保障更多。 · 補強後整體耐震能力較A方案強。

申請人代表：
已成立管理組織的主任委員或管理負責人。
未成立管理組織的建築物，需依規定推派一人作為代表申請人。
補助金額如下列表格

類型	施作層面積	補助金額及補助比率
補強方案 A	未滿 500m	補助上限為新台幣 300 萬元，並以不超過總補強費用 45% 為限。
	500m 以上	基本補助上限為新台幣 300 萬元，以 500m 為基準，每增加 50m 部分，補助增加新台幣 10 萬元，不足 50m 者，以 50m 計算。補助上限不超過新台幣 450 萬元，並以不超過總補強費用 45% 為限。
補強方案 B	不限	補助上限為新台幣 450 萬元，並以不超過總補強費用 45% 為限。

註：若申請案件經耐震能力初步評估結果，危險度總分大於 45 分，耐震能力詳細評估結果為須補強或重建，或經直轄市、縣（市）政府認定耐震能力具潛在危險疑慮之建築物，補助上限得提高為「新台幣 450 萬元，並以不超過總補強費用 85% 為限。」

方案	補強方案 A	補強方案 B
耐震補強	施作一層，補強施作層樓地板面積為 528m² 計算。	施作一至四層，補強施作層樓地板面積為 2,112m 計算。
補強施作層樓地板面積概估補強經費 *	528m² 528x0.4（萬元 /m）≒ 211（萬元）	2,112m 2,112x0.22（萬元 /m）≒ 465（萬元）
補助計算	施作面積（528-500）/50=0.56 取 1 故上限為 300+10x1=310（萬元）	465x45% 209（萬元） （未超過 450 萬元）
可申請補助	95 萬元	209 萬元
每戶自付額	2.9 萬元 / 戶	6.4 萬元 / 戶

補助 A、B 方案自付額比較

註：補強經費單價僅供參考，根據實際個案與專業人士設計而有差異。

補助申請資格（方案 C）

針對透天住宅如有因地震受損或梁柱、牆等構造損壞，提供協助。

建築物資格：經張貼紅黃單或初評大於 45 分者。

申請人：住宅所有權人

補助金額：依照實際修繕金額補助，補助上限為新台幣 50 萬元。

補強目標：針對建築物既有震損、劣化之主要構造（梁、柱、牆、樓地板）予以修繕。

弱層補強補助　單一透天住宅

申請人	所有權人
申請資格	紅黃單或初評 > 45 分
補助金額	補助 50 萬元

弱層補強案例

整體外觀比較案例

左／補強前。**右**／補強後。圖片提供：鴻碩工程顧問有限公司

擴柱補強法案例（此為整體外觀補強案例 1 的 2 樓）

左／補強前外觀（鞋櫃左側為柱）。**右**／表面混凝土層剔除。圖片提供：鴻碩工程顧問有限公司

左／鋼筋網、模板組立後灌漿。**右**／補強完成貌。圖片提供：鴻碩工程顧問有限公司

翻新工程大全

翻新工程中,有非常多的工程項目需要分工合作,彼此配合完成任務,在整個第三章節,我們依序介紹各工種在老屋翻新時,常碰見的幾種情形!

Point 1. 拆除工程

老屋翻新的過程,不論是格局調整、衛浴與前後陽台的防水層重建、根治屋況瑕疵的劣化區塊都需要拆除廠商。而且隨著時間的推移,在使用年限上會有需要補強的區域,早期在建造過程中,尚未明定工程規範,導致品質不穩定的問題,施工過程往往會遇到較多的狀況,我們也將逐項列舉,介紹拆除工程會遇到的大小事與應對方式。

老屋翻新的拆除施作內容

· 天花板　　· 地面磁磚、木地板　　· 牆面壁紙、磁磚　　· 門窗　　· 櫃體

拆除前的房屋現況

許多屋主在裝修老屋前,並未清楚了解房屋本身健康度,加上過去裝潢的遮蔽,我們在工程估價時都會提醒屋主需要留一筆預算,來應對拆除過後的問題處置,有個小撇步就是可以先仔細觀察屋內每個角落是否有泛黃、水漬、地磚裂縫或是空鼓等,在工程前有個心理準備,好過於預算抓得太緊繃讓後續修復造成壓力。以下為**拆除過程常發現的屋況瑕疵**

· **拆除天花板,發現鋼筋外露**

· 拆除天花板，發現漏水、壁癌現象

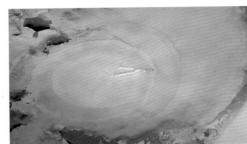

· 拆除地面磁磚，發現不只一層地磚

· 拆除壁紙，發現重複貼了超多層壁紙

· 拆除時，樓地板過薄打穿一個洞

· 拆除時，打破水管

拆除工項一覽

1. 打除見底

翻修時，剔除原本的表面層、水泥，直到看見原本的 RC 結構，看見紅磚牆。

在老屋中，拆到建紅磚可以清楚用肉眼判斷磚牆狀況，若有問題可以及早處理，而且後續重新鋪設磁磚，穩固性較高、使用年限也較久。

常見項目：

· 衛浴、陽台防水層重建

· 漏水處防水層重建

· 門窗更換

2. 既有裝潢、櫃體拆除 / 剃除 / 去皮 / 剃磚

這個步驟就是把原有的裝潢完成面剃除、刮除。

常見項目：

· 平立面的磁磚剃除

· 天花板拆除

· 櫃體拆除

· 壁紙剃除

· 地板拆除

名詞小百科　打毛

又稱之為「抓貓（台語）」，將壁面故意打成凹凸表面，為了讓後續磁磚或水泥砂漿附著力更好。一般深度不會很深，次於見底。

Hiro 的老屋課筆記

多層舊有裝潢材料覆蓋，可能衍生拆除清運費用

估價時，我們通常不會破壞屋主家中裝潢來檢視，因此在工程啟動之後才能知道是否有此狀況發生，費用的計算也只會依照最外層的拆除清運來做估價，當此狀況發生時，也會追加多出來的拆除與清運。

3. 設備 / 家具家電之拆除清運

家中既有的設備若是沒有沿用的需求，也是拆除工程的一個類別，這部分前篇舊有家具清運有提到過，若是家中無人手清運，或是上班較為忙碌可以委任裝修公司的拆除工班來執行，既有定著物的拆除像是浴缸、馬桶、舊型的廚具櫃、抽油煙機，體積較大的物件交由專人拆卸較為安全省事。

常見項目：

- 衛浴設備拆除
- 廚房設備拆除

4. 建築的牆面 - 可以拆除 / 不可以拆除

如果有更動格局的需求，最需要注意的部分就是牆面，哪些牆是可以做拆除，哪些牆面拆除可能會有結構載重的危險，通常牆體可以分為三種類型：剪力牆、承重牆、隔間牆。

格局變動的參照依據：建築物原始執照

許多裝修業者因自身經驗，時常與屋主直接討論牆面是否可以拆除，雖然業者經常觸碰到裝修業務，但還是有誤判風險及錯誤觀念的機率，在規劃初期是否有與建築師、室內設計師討論到室內裝修許可以及建築物原始執照的指引來規劃，若是親自點工或是未按照合法裝修流程安排的屋主，千萬要注意，不要因為自己的需求犧牲整棟樓的安全。

常見違規項目：

· 室內落地窗之牆面移除

· 樑柱穿孔、移除

📖 名詞小百科　　建築牆體種類

· **剪力牆**：主要是承受地震中的水平力。也就是 "耐震牆"，為 RC 結構，外牆結構厚度 20～24cm，在電梯等剪力核處會更厚。

· **承重牆**：此牆用意是為了承載建築物垂直載重的力量，以及地震時的水平力。而建築的樑與柱也會連結承重牆，一起承受垂直載重，承重牆－是磚牆時，結構厚度 24cm，若是混凝土結構厚度 20cm。

· **隔間牆**：主要作為空間的分隔，與主建築物沒有直接結構上的作用，敲擊牆面也可判斷，是否為實心牆面，可以區分出輕隔間，磚牆厚度 10～15cm；輕隔間與木作牆約 8～10cm。

· **分戶牆**：與隔壁鄰居共用的牆壁與樓梯、其他垂直動線連結的牆面，外牆或隔戶牆的磚牆厚度通常為 20～24cm，有些厚度可達 30～36cm。

Hiro 的老屋課筆記
剪力牆結構能拆嗎？

大多也同時有承重作用，屬於結構體的一部份，不建議拆除。尤其在公寓、大樓，涉及整棟的結構安全，必須請結構技師或建築師依現場情況判斷後，在按照方案施工。

老屋常見的拆除違規

1. 陽台外推移除落地窗

台灣常見的違建之一「陽台外推」，大多數人為了增加室內空間，會將陽台外牆打掉，即使不是主要結構牆，還是會影響耐震力。而且陽台外推後，除了加設窗戶外，放置物品增加了額外的重量，可能會因此造成結構負荷過量，造成結構安全的危險。

陽台外推屬於違法，不論是入住前與後，在法規上都是不允許的，因此在買中古屋時，若有原始平面圖，也要注意圖上有沒有陽台，購買前已有「陽台外推」，過去沒有被查報的紀錄，可在申請室內裝修時附上證明照片及平面圖，證明不是自行外推可列為緩拆。

2. 窗洞擴大打到底

很多人也會想要將窗洞打至底，改裝落地窗，依當前法規若外牆非結構牆，如果原本就有開窗是可以改成落地窗的。但每個實際案例，建議詢問政府建照局或是建築師、土木工會。

老屋較常見的意外與鄰損

1. 樓地板厚度不足導致打鑿穿孔

老房子原本就已經很多大大小小的問題，在拆除過程，可能會連帶放大原有的狀況，如：水泥塊因為震動連帶整塊剝落；過去翻修的例子中，也有樓地板過薄，導致打穿一個洞，直接看見樓下鄰居的窘況，可能是過去興建的建築樓地板厚度過薄所導致，921 地震後的法規規定樓地板基本上都是 15 公分，所以在修法前後的房屋都會有這樣的風險。

2. 磁磚破裂

施工中可能因為牆面打鑿的震動，而造成上下左右的鄰居屋內，出現各種磁磚破裂、牆面龜裂等問題，由於實務上無法再裝修前逐戶拜訪與採證，發生時經常會有糾紛產生。

3. 管線破裂

其實房子住了一段時間，或多或少都有可能被變更了某些配置，以水管為例，給水管配置深埋在牆體內部，施作人員有時可能會誤傷幹管或是給水管等，管內的水瞬間噴湧而出，必須即刻斷水否則容易波及鄰居的用需求與滲漏問題。

左／管線配置施工示意。**右上**／排水管破洞。**右下**／拆除震動可能造成牆壁產生裂痕。

Hiro 的老屋課筆記

裝修也可以有保障　裝修工程責任險

在施工期間，可能會有上述狀況與其他不可抗力之意外及工程人員受傷等情況，而保險公司針對這部分有對應的保險商品，屋主可依照裝修合約來投保，確保意外發生時能夠有保障，承保範圍常見包括以下：

1. 每一個人體傷或死亡
2. 每一事故體傷或死亡
3. 每一事故財物損失

另外要提醒的是，必須注意理賠上限、自付額，以及是否有除外條款，業務員有無理賠經驗是非常重要的關鍵。

Point 2. 隔間工程

相較於新成屋，老屋翻修經常會面臨格局變動，而房屋內的天地壁中，隔間會創造出許多壁面，因應不同區域，選擇合適的建材與工法，可以減少日後產生屋況瑕疵等問題，從需求層面考量隔音、掛物、防水等功能，是老屋翻新設計規劃中很重要的環節，以下我們依序整理隔間需求重點、工法與常用建材介紹。

老屋翻新的隔間施作內容

· 替換隔間材料

隔間牆設計挑選四大面向

1. 需求、用途、設計
· 對於隔音要求。
· 牆面需掛重物，如：冷氣、壁掛式書櫃。
· 想要穿透感，增加視覺延伸的效果。
· 曲線造型，消除屋內稜角，增加圓潤感。
· 以使用者需求而定，再透過合適的建材配置。

2. 工程時間
不同材質的隔間，對應的施作單位也不同，工程時間以磚牆相對來說會比較冗長，但耐震與隔音防火的優點高於其它者，因此如果沒有時間、預算壓力，通常會是最佳選擇。

3. 財力
隔間建材並不是買最貴最好，還是得依照居住環境與需求挑選最符合現況的建材，考量隔間數量、施作坪數、屋齡，太多的隔間有可能會出現載重疑慮，也可能會花費許多預算。

4. 使用材料
選擇隔間牆的建材，需要先了解其特性與成本，不同材料在同坪數內的價格差異很大，如果確定了室內格局的需求，依照用途，綜合考量挑選出合適的建材。

老屋翻修常見隔間種類

1. 防潮石膏磚

近年來，防潮石膏磚是隔間材料的主流之一，已經有百年歷史，為綜合性能很好的建材，整體優點在於它的重量輕、磚面平整、隔音效果好、工期短、防潮效果佳，如果有常在關注我們的頻道，就會知道我們幾乎每個案場都會運用，畢竟以老屋來說，載重量是需要特別留意的關鍵，因此防潮石膏磚給予了更多的彈性。

規格特性
- 規格：厚度 9cm（實心）40cm×60cm（常用規格）
  　　　厚度 11cm（空心）40cm×60cm（常用規格）
  　　　厚度 15cm（空心）30cm×60cm
- 防火：防火時效可達 3 小時，輕隔間板材約 1 小時。
- 隔音：石膏磚可降低 45 ～ 60 分貝的噪音，主要是高頻音，例如說話聲。
- 價格：石膏磚每坪價格較紅磚低、白磚高，但施工方便、快速且不需水泥打底與粉光。
- 掛重：強。

施工流程

1. 放樣：使用雷射水平儀依照圖紙放樣。
2. 黏著劑打底：專用黏著劑打底，以交丁方式砌磚。
3. 砌磚：基底座完成後，對準凹凸卡榫依序往上砌磚，強化牆面一體性。
4. 門窗支撐：門窗上的眉樑架設或 C 型鋼支撐，使上部磚體牢固。
5. 填縫：伸縮縫以 PU 發泡或水泥砂漿填縫。

石膏磚常見 Q&A

Q	A
石膏磚適用浴廁隔間嗎？	浴廁適用，先兩道防水處理，面貼磁磚。
石膏磚跟石膏板一樣嗎？	兩者產品完全不一樣。 ・石膏磚為塊狀：規格：40cm×60cm，石膏板為板片狀：例如：4尺×6尺 ・石膏磚防火隔音等特性優於石膏板。
石膏磚跟白磚一樣嗎？	兩者產品完全不一樣。 ・尺寸一樣，基本工法相似，完成牆體外觀相同。 ・原料製程不同、特性性能有別；白磚四邊平口，石膏磚有公母卡榫，強化牆體不易龜劣。

石膏磚砌磚時使用間距調整器確保磚與磚的水平與間距。

2. 紅磚

早期一般以紅磚作為隔間首選，隔音與防水防火都是很優秀的，但在老屋翻新的階段，若是持續使用紅磚牆作為主要隔間材料，重量可能會對建築結構造成負擔，而且若全屋皆使用紅磚隔間，施作工期也會拉長，因為施工過程會運用水泥砂漿，需要等待乾燥才能進行下一個階段的

工程，費用也會因而提升許多，若想節省預算可以部份隔間施作紅磚牆，如：浴室、廚房比較容易碰水的區域，而其餘的隔間以輕隔間或石膏磚施作。

規格特性

· 規格：紅磚的標準尺寸為 23×11×6cm。
· 防火：耐燃一級。
· 隔音：隔音效果 STC40。
· 價格：價格因工程時間長，成本較高，後續須粉光處理。
· 掛重：強。

施工流程

1. 準備工作：磚塊在砌築前需充分濕潤，以避免吸收水泥砂漿中的水分。
2. 放樣與起磚：按照設計圖樣放樣，並在地面上鋪設水泥砂漿後開始砌磚。
3. 砌磚：磚塊需交錯擺放，確保每層磚頭對齊，並用水平尺檢查平整度。
4. 檢查與修正：砌磚過程中需不斷檢查牆面的垂直和水平，如有不平處需重新砌築。
5. 清理與保護：砌築完成後，需清理磚面並保護新砌的牆面。

紅磚常見 Q&A

Q	A
隔間一定要用紅磚牆，實心的比較耐用？！	這未必是正確答案，要考量的面向有載重與綜合成本考量，首先老屋與高樓層未必能負荷紅磚牆的重量，施工期長還必須 "看天氣"，待乾燥才能讓磚牆完全乾，才能批土上漆，另外紅磚吸水性強，所以常在天氣返潮時，空氣中過高濃度的濕氣，磚牆容易長霉，所以要決定使用紅磚來做隔間也可以跟執行單位討論，看是否合適。

3. 輕鋼架隔間

輕鋼架隔間其實在老屋翻新裡是常見的隔間方式，雖說有比輕鋼架隔間更好的選擇，但在整個工程的預算調整上，此方法卻是兼具預算優勢且優點平均的隔間方式，因此成為室內隔間的主流之一。

以輕鋼架作為骨架，表面再封上水泥板、矽酸鈣板等防火板材，主要分成乾式與濕式施工兩個方向，牆體內部分為灌漿實心牆、與塞隔音棉，若是塞隔音棉的話，壁掛需要加固鐵板，承受力才沒有問題，濕式施工會在板材內灌入輕質混凝土，具有不透水特性，且隔音效果佳，配管容易、骨架安裝後即可施工。與 RC 牆相比由於不需拆模板、施工環境乾淨、速度快，牆體較輕不會造成建築負擔、費用也比鋼筋混凝土施工低，並且耐震性極好，以下分析優缺點跟大家分享。

規格特性
· 隔間厚度：乾式約 8cm；濕式約 8cm。
· 隔音效果：乾式約 STC30-STC50；濕式 約 STC35。
· 價格：中間。
· 掛重：須使用專用五金在後方做板材補強。

施工流程
乾式施工

乾式施工流程：
1. 放樣。
2. 安裝上下槽鐵。
3. C 形立柱安裝。
4. 橫向支撐鐵件安裝。
5. 封單面板。
6. 塞岩棉進行隔音。
7. 牆內配管。
8. 封雙面板。

濕式施工流程：
1. 放樣。
2. 安裝上下槽鐵。
3. C 形立柱安裝。
4. 橫向支撐鐵件安裝。
5. 牆內水電管線配置。
6. 雙面封板
7. 灌入輕質混凝土。
8. 等待乾燥後進行後續作業。

4. 水泥板

水泥板主要分為木絲水泥板和纖維水泥板兩種。木絲水泥板由木絲壓製，顏色較深且較怕水氣，而纖維水泥板是由纖維和木絲壓製，使用上較為靈活。這兩種板材的水泥色調使得頭髮和髒汙不易顯現，且具有良好的平整性和防水效果，清潔容易。

水泥板是為了輕質灌漿牆面而設計的，其完全滲水的特性有助於牆面的快速乾燥，並適用於灌漿牆的防水處理和磁磚貼附。

常見的水泥板材質有純水泥板、有機纖維板和無機質纖維板。純水泥板以高硬度、耐久性強、不怕水浸和腐蝕為特點，適合戶外、地板鋪面或輕質灌漿。有機纖維板由於添加木質纖維，使板材較軟、易切割，但泡水後可能會變黃或發霉，適合住家壁面裝飾。無機質纖維板則添加無機質纖維材料，使其表面可呈現特殊效果，如紋路和亮點，且不易變色或發霉，硬度高且價格較高，適用於地板、壁面造型或輕質灌漿。

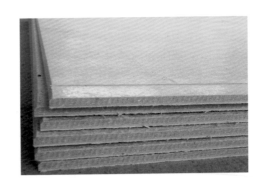

規格特性
· 規格：6mm、9mm、12mm。一般隔間以 6mm 或 9mm 最常使用。
· 防火性：耐燃一級。
· 隔音：佳。

施工流程
乾式施工流程

1. 放樣：使用墨斗或墨線在混凝土面上放樣。若混凝土面積水無法使用墨線放樣，可用木條釘在混凝土面，再將墨線彈在木條上。
2. 固定上下槽：進行裁切，使用火藥擊釘固定上、下槽。需確認火藥擊釘的尺寸、間距及位置。
3. 輕鋼架組立：在上下槽固定後，立柱安裝時沖孔的水平位置應一致。安裝補強支架以增加立柱強度。在門窗開口、轉角、隔間相交時，應加裝立柱補強。
4. 水泥板安裝：安裝施工容易，質地輕，可使用一般木工工具進行裁切。使用自攻螺絲或矽酸鈣板專用的膨脹螺絲固定於輕鋼架。使用風槍打釘方式進行固定。

5. 矽酸鈣板

由石英粉、矽藻土、水泥、石灰、紙漿和玻璃纖維等原料製成,通過製漿、成型、蒸養和表面砂光等過程製造而成。具有優越的防火、防潮、隔音、防蟲蛀和耐久性能,常用於天花板、隔間、門板與牆體。

規格特性

- 常用厚度:6mm、8mm、9mm、12mm。一般住家空間多使用 6mm 或 8mm 厚度的矽酸鈣板,而公共場所或需要更高防火標準的場合則可能需要使用 9mm 或以上的厚度。
- 防火:耐燃一級。
- 隔音:STC45 ~ STC48。
- 掛種:須於牆體施作時安裝補強鐵片。

施工流程

1. 選擇使用輕型鋼骨作為骨架:基礎完成後,使用電動起子鎖自攻牙螺絲固定矽酸鈣板。
   選擇使用木作角材作為骨架:基礎完成後,塗上白膠再透過釘槍固定矽酸鈣板。
2. 進行油漆粉刷步驟。
3. 取出適量 AB 膠 1:1 攪拌均勻。
4. AB 乾後,將膠填入矽酸鈣板間的縫隙並批平。
5. 進行 2 ~ 3 次批土,直到看不到釘洞和縫隙。
6. 研磨至表面平整。
7. 清理隔間和天花板的粉塵。
8. 進行 1 道底漆,再檢查是否有遺漏的釘洞和縫隙,並進行 1 ~ 2 次油漆。等待油漆完全乾燥後,進行工地清潔。

Hiro 的老屋課筆記

矽酸鈣板可加入隔音棉、黏貼裝飾材之前要先油漆

在矽酸鈣板背面加裝夾板或木芯板,或直接選擇厚度較厚的矽酸鈣板,以增加耐撞性和隔音效果。根據需要,在隔間內加入隔音棉以提升隔音效果。如果要在矽酸鈣板上掛重物,需要增加骨架補強,如加裝角材或輕鋼骨。除此之外,可將矽酸鈣板黏貼各種裝飾材料,但需先對矽酸鈣板進行油漆處理,以增加黏著力。

6. 白磚

白磚為經由高溫高壓蒸氣淬鍊而成的輕質磚，重量較紅磚與混凝土輕，對於公寓大樓的負擔較小，加上因為施作快速、價格低廉，採用乾式施工法，施工完成後只需要批土油漆或上壁紙即可，相較於傳統紅磚牆繁瑣的工序，白磚牆相對便利許多，並且防火效果更好。但白磚牆的缺點是隔音效果較差，易吸水但不易排水，不適合用在衛浴空間等較為潮濕的區域，白磚密度較低、牆面容易龜裂，因此也不適合釘釘子，不適合吊掛重物，需要使用白磚牆專用的五金螺絲。白磚的優勢在於便宜，但目前有豐富的建材產品可以挑選，除非屋主指定。

規格特性
· 防火：耐燃一級（防火時效 4 小時）。
· 隔音：STC38。
· 掛重：輕型物品可用鋼釘，重物須使用專用五金吊掛。

施工流程
1. 放樣：依據設計圖紙尺寸在牆、柱、梁、地等施工面放樣。
使用雷射儀器標註，使用有色線標示位置。
2. 打底：根據施工現場地面情況，選擇使用白磚專用黏著劑或水泥砂漿作為基底。砌第一層白磚時確保水平。
3. 砌磚：白磚以交丁方式排列，使用白磚專用黏著劑固定。每兩層白磚側面與異材質的接合處，使用 L 型角鐵固定。
4. 預留門洞與窗洞：砌磚時預留門洞與窗洞。門洞與窗洞上方應置放 C 型鋼或楣梁以承載下壓重量，避免門框變形。
5. 牆頂伸縮縫收縫：牆頂和牆邊需預留伸縮縫，使用發泡或水泥砂漿填補。

6. 放樣管線的位置：確認設計圖紙規劃的管線位置與尺寸，進行有色線放樣。

7. 牆面切割與打鑿：白磚完成 24 小時後，使用小型切割機切出溝槽的外圍，再使用電動打鑿機打出孔槽。

8. 埋入所需的管線：水電師傅依據設計規劃埋入並接上冷水管、熱水管、排水管或電線套管等線路。一方面也完成試電、壓力測試等水電作業。

9. 管槽用砂漿填補：埋入管線後，使用 1：3 水泥砂漿或白磚專用黏著劑填補管槽。填補時凹於牆面 2mm，避免水泥砂漿凸出牆面。

10. 批土並施作表面：白磚牆與水泥砂漿乾燥後，進行批土整平，確保牆面平整。批土完全乾燥後，可進行油漆、貼壁紙、貼木皮或貼美耐板等表面作業。

7. 木作隔間

木隔間牆以木角料為骨架、搭配表層板材組合而成，大多用在想將小空間隔開的情形，優點是重量輕、施工便利快速、且價格低廉，但由於是木材為結構，不具防火特性，且有可能受潮變形，本身隔音效果與耐震效果差，可透過中間填充吸音棉的方式強化隔音效果。我們在施作木作隔間時，壁掛重物需要加固，外層包覆板材採用矽酸鈣板，屬於一級耐燃材料，透過優良的板材強化防火效果，保護居家安全。一般用於簡易的儲藏室，鮮少用於居室隔間使用。

規格特性
· 規格：依照使用材料為定。
· 防火：差，需仰賴防火板材。
· 隔音：差。
· 掛重：差。

施工流程

1. 放樣：依據設計圖紙在施工面上放樣，使用雷射儀器標註，並使用有色線標示位置。

2. 安裝底板：依據放樣位置，使用木板或其他材料製作底板，固定於地面。

3. 立柱安裝：立柱安裝時沖孔位置須一致，並施作一水平支撐以加強立柱強度。遇門窗開口、轉角、隔間相交時，加裝立柱補強。

4. 填充隔音棉：在隔間內部填充吸音棉，以提高隔音效果。

5. 裝設隔間板：使用石膏板、MDF 板或其他木作材料裝設隔間板。用螺絲或釘槍固定隔間板於立柱。

6. 補強和收尾：對隔間進行補強，特別是需要吊掛重物的地方。

完成後，進行表面處理如塗漆、油漆或貼木皮等。

7. 縫隙填補：對隔間的縫隙使用木工膠或其他填縫材料進行填補。

常見隔間種類比較表

隔間方式	石膏磚	紅磚	輕鋼架	水泥板	矽酸鈣板	白磚	木作
表面平整度	★★★★★	根據施工技術而定	★★★★★	★★★★★	★★★★★	★★★★★	★★★★★
重量	輕	重	中等	中等	輕	輕	輕
施工速度	快	慢	快	快	快	快	快
壁掛載重	★★★★	★★★★★	★★★	★★★	★	★	★
耐震性	★★★	★	★★★★	★★★	★★★★	★★★	★
防火性	★★★★★	★★★★★	★★★★★（依板材而定）	★★★★★	★★★★★	★★★	★

Point 3. 水電工程

水與電是整個生活機能的核心,在未經整理的老屋當中,有很多不符現在使用需求的老舊設計,也可能蘊藏著不穩定的安全問題,近年來,也陸續出現很多科技家電,IH爐、掃地機器人、全熱交換機等,新穎的家電產品越來越多,早期的電力配置上,早就已經超過了負荷,容易有跳電、走火的危險性,提高總電量可以向台電申請。除此之外,把未來需要用到的家電統一列表,較高功率的產品,專門配置一個迴路,以確保用電安全,並針對居住需求配置合適的插座位置、燈源,在水電階段是非常重要的,後續工程要是改變心意,想調整就會增加額外費用與延宕工期的可能!

老屋翻新的水電施作內容

- 所有線路須配管更新　・電線線徑重拉並加大　・加裝漏電斷路器
- 規劃專用迴路　・增加插座數　・排水及給水另接新管、重新配置
- 浴室移位更改水管需墊高

線路配管更新

電線配管是為了保護線路不被外力破壞,一般電線的配管可分為硬管與軟管,牆壁或地板通常使用硬管,避免於後續泥作工程時,可能產生擠壓破裂,而其他地方可能會採用軟管,以便日後維修或抽換線路。

漏電斷路器

漏電斷路器(漏電開關)在偵測到漏電時,會直接切斷電源,防止人體接觸而造成意外,通常會加裝容易碰水的區域,浴室、廚房、陽台,以確保日後用電安全。

電線線徑

在老屋翻新中，電線重拉是必要的，而隨著使用的家電功率（瓦數）越來越高，電線所需要乘載的電流量就必須增加，才不會造成過載的情況，線徑越粗（截面積越大），所能乘載的電流量就越大。

專用迴路

高功率家電必須專門規劃一個迴路，避免產生跳電與過熱的問題，包括 IH 爐、微波爐、洗碗機、冷氣。

預先計算插座數量

市面上陸續推出越來越多家電產品,包括掃地機器人、廚餘機等等,所以我們在規劃插座前,先把家中所有電器及未來想要購入的家電產品列出,接著將將電器放到使用習慣的空間內。能夠列的越詳細,在與設計師溝通配置上會更完善,加上自身的使用習慣與身高,也可以在高度與位置上調整。

以下範例:
· 玄關:吸塵器、掃地機器人
· 客廳:電視,環繞音響,冷氣,空氣清淨機,電風扇,充電
· 餐廳／廚房:冰箱,烤箱,微波爐,電鍋,水波爐,抽油煙機,咖啡機,洗烘碗機,充電
· 臥房:壁燈,手機／筆電充電,桌燈,冷氣,空氣清淨機,電風扇
· 衛浴:吹風機,免治馬桶
· 書房／多功能室:電腦,桌燈,跑步機,音響,小冰箱

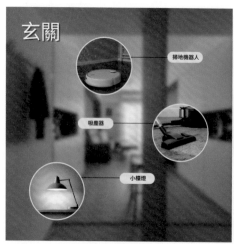

重新規劃插座高度

依照居住者的使用習慣來配置插座與光源,因此預先將自己平常的使用習慣記錄下來,跟設計師討論時會更順利。比較常更動的插座在於廚房,因應屋主身高及使用習慣做調整,如果舊有家中有保留活動式家具,未來放置的位置可能會擋到插座,在規劃前也可以與設計師提出。除此之外,如果有配合系統櫃或木作工程,可能有插座、燈光的配置,需要透過後續工程包覆,因此在預留出線孔的位置也要多加留意。

· 一般插座離地 30 公分高
· 床頭約 45～60 公分高
· 桌面插座約 90 公分
· 流理臺大約 90～100 公分

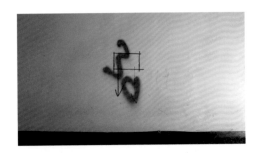

一般插座離地 30 公分高。

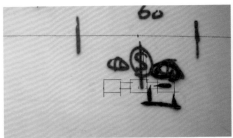 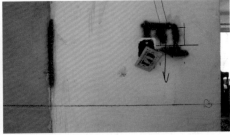

左／床頭約 60 公分高。**右**／面板開關約 120 公分左右，下方線段為一米線。

天花板上方規劃燈光位置與插座線路配置。

室內用電承載量

除了插座的數量計算以外，其實在配電箱及迴路的承載量也需要知道。首先，一個迴路，會從配電箱到燈具或插座、以及用電設備組成，而迴路可以承載多少電流量。

· 一個迴路上，同時使用的"所有電器用電量總和"就是這一個迴路的承載量，大家一定都碰過跳電的情況，就是因為單一迴路上，同時使用了過多的電器，超出了迴路承載量，無熔絲開關就跳開了。

· 簡單計算電流量：安培 A= 用電瓦數 W / 電壓伏特 V
用電設備都會標示其瓦數，而室內電壓以 110V 為例，1200W 的吹風機其安培數大約是 11A。

· 將可能同時使用的迴路用電安培加總，就能得知這個迴路的用電承載量，在依照電工法規規定的電線線經配置，這部分就比較複雜，交給專業的水電師傅就對了，重點還是在於羅列出家中的所有用電設備。

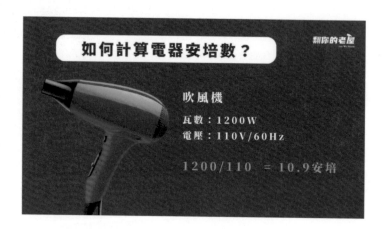

燈光配置

燈光可以襯托出整個空間的氛圍，在預算有限的情況下，依照每個區域的燈光需求，是設計規劃重要的一環，大致可分為三種規劃：

1. 環境照明
讓空間產生亮度，整體範圍光源營造

2. 焦點照明
針對主要區域、對象或作業情形做重點、局部投光

3. 裝飾照明
營造空間氛圍、增加層次感

依照區域來看：

・**客廳**
主要是招待親朋好友的公共區域，可以搭配間接照明、嵌燈不失明亮度，利用鋁條燈保有視覺延伸感，也能使用壁燈、落地燈等氛圍投光增添空間美感。

・**玄關**
連通室內的空間，除了本區燈光開關，可以設置雙切或一鍵開關，出入門時可以將屋內燈光一次關閉或打開，省去來回走動的麻煩。

‧ 臥室

常用間接光源、床頭壁燈或吊燈、立燈營造放鬆情境，床頭與門口旁通常會設置雙切開關，準
備睡覺時就不需要再走到門口旁關燈。

Hiro 的設計課筆記

留意燈光位置、光源色建議統一

- 同個區域的色溫盡量維持在一定的區間，否則一個白、一個黃，甚至有交叉
  的會破壞了整個氛圍。
- 購買燈具時，尺寸大小與整體環境風格、家具大小的搭配。
- 燈具的高度，如：餐桌上的吊燈。
- 燈光位置錯誤導致物體產生陰影，常見區域：廚房的吊櫃。
- 單一光源容易光源不足、陰影過多。
- 廚房避免油煙附著適合選用較不複雜的燈型。
- 沙發、床鋪正上方盡量避免燈光直射，容易刺眼。

名詞小百科

- **瓦數**：每種燈的瓦數可能不同，依照燈光的數量與功率搭配能夠承載的迴路，以及預留出可能配置燈光的位置，也是在水電工程階段的重要環節。因應後續可能會有木作天花、櫃體等需要交叉進行的工程，再線路上明確的標示也可以確保後續順利。
- **流明度**：流明數值越高，燈光就越亮。
- **色溫**：3000k 以下較暗，適合較放鬆的空間，如：房間、餐廳。
  3000-5000k，適合客廳／房間／浴室。
  5000k 以上，適合專注的空間，工作室、書房、廚房。

開關設計

1. 雙切、三切、一鍵開關

居家空間的開關設計，因應動線可以採用雙切或三切等開關方式，省去來回走動的麻煩，居住使用上會方便許多，依照使用需求，也可以設置分段開關，調整為自然光、黃光、白光等等其他顏色與色溫。

開關的位置也可以因應燈具位置搭配，最右邊的開關控制此區域右邊的燈，更直覺的使用是設計規劃的細節。

雙切開關：兩處開關可以控制同一盞燈具。
三切開關：三處開關可以控制同一盞燈具。
多段開關：依照不同燈泡型式，設置多種色溫控制與多種顏色搭配的開關。
一鍵開關：在出入口旁設置一鍵開關，可便於出門或者是一進家門，確保家中燈光關閉與開啟。

三段顏色開關 1

三段顏色開關 2

三段顏色開關 3

2. 感應式開關

如果家中有長輩或者是常出入走動的範圍,如玄關、廊道,也可以設置感應式開關。

3. 智慧燈具

AI 演化的速度非常快,很多業者陸續將其應用於燈具、窗簾上,透過語音傳達即可將區域光源開啟或關閉,不同的品牌也有客製化的調整光源的開關方式。

弱電

一般可分為強電與弱電,弱電一般直流電壓在 36V 以下,常用傳輸性質設備,如:電話、監視器、網路、電視信號等等。

· 注意強電與弱電需要保持一定的安全距離,避免強電干擾弱電。
· 多預留插孔,方便日後若有需求不會沒有插孔。
· 防潮,較潮溼的區域與地面保持 30 公分左右距離,並且安裝套管防潮。
· 集中於弱電箱裡統一管理,後續維修也較方便。

強電與弱電離一段距離,弱電箱距離地面 30 公分。

排水及給水另接新管

供整棟住戶使用的排水管，常因某戶不慎堵塞，造成排水不良和淹水；或是排水管老舊且嚴重堵塞，無法排水外還會倒流冒出廢水，因此排水及給水最好另外接新管，並將舊管封住不再使用。

1. 不鏽鋼代替塑膠水管（PVC）

塑膠水管會因熱脹冷縮容易破裂，使用不鏽鋼管材代替舊式塑膠水管，能減少水管破裂機會，同時熱水管可利用保溫材質包覆，不僅能減少輸送過程水溫逸散，也能延長使用壽命。

2.PPR（又稱為三型共聚丙烯管）

在台灣是比較少人使用、較新引進的建材，但在國外已慢慢將自來水管改成 PPR，很多知名酒店也都將其納入使用管材。

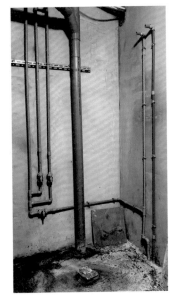

特點：

· 耐震、耐水壓、耐低溫、高溫（-20 度～ 100 度）。
· 不使用任何黏著劑。
· 表面光滑、不易生菌。
· 使用年限 50 至 100 年。
· 絕對耐腐蝕、高環境相容性。
· 施工容易、無噪音、無毒。

50 年都不會漏水！？
熱焊熔接一體成型－ PPR 水管

3. 轉接小管徑水管，可增強水壓

除了裝加壓馬達以外，可以在配置管路時，特別要求師傅在出水口的管路，轉接成較小口徑的
水管。

圖片示意－一吋轉 4 分示意。

新增浴室、更動浴室位置

在我們過去的案例中，因為家中人數多，浴室的使用需求大，所以需要新增一間至兩間衛浴，
或者是想更改浴室的位置。

首先會面臨的問題，就是浴室會有墊高問題，而為什麼會產生墊高的問題？

配置於下方的排水管與糞管，需要有一定的洩水坡度，才不會導致水積在管內，而進水管與排
水管的位置被更動後，考量洩水坡度，勢必需要將管路抬高，因此在水泥與磁磚面材陸續覆蓋
後，厚度增加了許多。

因此設計規劃中，如果有新增浴室或更動位置的需求，盡量以原始配管的位置做規劃會比較適
合，因為如果墊的高度越高，表示水泥使用量也會變多，對老屋的載重量產生負擔，以一間坪
數 1 坪的浴室為例（1m*3.3m），每墊高 1 公分，就增加了約 0.33 立方公尺的重量。

更改或新增浴室位置時，需有一定洩水坡度，因而增加浴室地面高度。

Point 4. 泥作工程

泥作工程可以說是老屋翻修工期裡面最重要也牽涉最多的部分，從小地方的修補，大到整個建築樓地板灌漿等等，接著陸續來看在拆除與水電配置之後的，有哪些是泥作工程常見的施工項目。

老屋翻新的泥作施作內容

· 室內平立面整平　· 衛浴翻新　· 前後陽台翻新　· 砌磚隔間、濕式隔間灌漿
· 磁磚鋪貼　· 各工項填縫

常見泥作工法

其實我們在拍攝影片與監工時，看到師傅用水泥再塗抹牆面時，真的很像是在做蛋糕，而泥作工程真的雷同於製作蛋糕的過程，其中為建築物塑型的基礎底是不可或缺的。

1. 室內外平立面整平

底層是最重要的基礎，是最開始需要做好的，否則後續覆蓋地面的工程會有問題，重新打底也可以調整原本地面傾斜的問題、牆壁凹洞等。

2. 粉光／水泥砂漿填縫

經過了拆除、隔間、水電管線配置、鋁門窗可能會有縫隙，打鑿過的地方以及拆除連帶影響的結構，需要透過水泥砂漿進行修復，整平之後再接著打磨處理，在上一層粉光面，粉光面會是薄薄的一層細緻水泥面，通常不超過 5mm，後續在施作表面層。

3. 鋪磚

在鋪設磁磚前，設計規劃中會有磁磚計畫，通常師傅會照著圖面鋪設，不過還是要在鋪設前跟師父做確認，否則貼錯了重新施作會很麻煩！常貼磚的區域有地板與浴室、廚房牆面，貼磚前施工工法主要可以分為硬底與軟底、鯊魚劍（半乾濕），其中最大差異是一個需要等待乾燥、而另兩種可以直接貼磚。

- **硬底工法**：水泥砂漿打底後，等待其乾燥，可能會需要 1～2 天，水泥層硬化後，使用黏著劑以雙面上膠的方式鋪設磁磚，貼磚過程使用整平器微調磁磚，讓磁磚更加平整，為最標準、穩定的施工方式，但相對成本預算也較高。

優點	缺點
・不太會吸水。 ・黏著力較強，以後發生膨拱的機率低。 ・穩定性較好。 ・平整度較佳。	・工期較長，多了等待乾燥期間。 ・成本較高。

· **軟底工法**：以水泥砂打底壓平後，澆水泥水直接鋪設磁磚，平整度需要特別仔細。

優點	缺點
· 工期短，一次完成打底與貼磚。 · 成本較低。	· 黏著力較差，發生膨拱機率較高。 · 磁磚品質要求較高。

· **鯊魚劍工法**：會叫做鯊魚劍是因為其中使用的工具，類似鯊魚牙齒的刮刀，而此工法水泥砂的比例介於硬底與軟底間，不須等待乾燥，可以直接鋪設磁磚，以雙面上膠的方式鋪設，黏著力叫好。

優點	缺點
· 黏著力介於硬底與軟底之間，降低膨拱機率。 · 工期短，成本較硬底低。	· 會吸水。 · 磁磚品質要求較高。

衛浴翻新重頭戲

在老屋翻新中，衛浴翻新是 9 成屋主的必要需求，可能會新增一間衛浴或是移動衛浴位置、門向，而其中，最重要的就是防水的施作，這也是最令人頭痛的地方，畢竟老房子的結構可能早就有問題，常常會有施工到一半，樓下鄰居反應在漏水，而老宅改造師要從中協調，解決各種疑難雜症與鄰里之間的關係。

接下來我們來介紹浴室翻新的主要流程：

Step1. 水泥砂漿打底

在配置完水路管線以後，泥作師傅就會開始打底層，並且將洩水坡度施作到位，以翻你的老屋的衛浴工程來說，主要以硬底工法施作。

Step2. 清潔

靜置 1～2 天後的底層，接著會先做清潔表面的動作。清潔牆面是為確保灰塵以及顆粒不影響後續施作防水塗料，若有突出的顆粒可能會造成貼磚或者施作防水層有間隙。

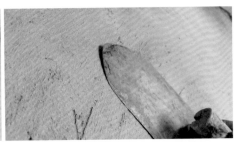

Step3. 底漆
清潔完表面之後，接著會上一道底漆，
底漆主要是為了增加黏著力，讓後續防
水塗料更好的附著。

Step4. 貼不織布／第一層防水塗料
靜置一段時間，待底漆完全乾了以後，會在四個角落、四個邊貼上抗裂不織布，連同防水漆一
起塗抹，也就會完成第一層的防水。

Step5. 第二層防水漆
等待第一層防水漆乾了以後，會在上一層防水，確保防水的效果能夠達到一定的作用，通常防
水漆施作高度會在 180～210 公分，當然如果屋主有特別要求防水漆的高度要做至頂部，也是
沒有問題的。

Step6. 試水

靜置三天等待完全乾燥以後，會進行測試防水的動作，將水放至一定高度，在水位高點做上記號，靜置一天，若隔天水位沒有下降非常多，就代表防水層有確實施作，而如果水位明顯下降，意味著有縫隙讓水流走了，防水的階段失敗，必須重新施作。

（防水材料有很多選擇，因師傅而異，如果有特殊要求可以先詢問師傅）

Step7. 防水層施作完成

接下來就會進入表面層的施作，通常浴室表面層以貼磁磚為主，而在貼磚前，會做磁磚計畫。乾區也可以使用油漆，但表面油漆也必須選用有防水的材料較為適合。

🔲 名詞小百科　　磁磚計畫

設計師在裝修前透過規劃，從設備的給排水管線、排水孔、磁磚的規格、數量與拼貼方式、是否需要事前加工處理，精準的掌握預算，每個環節都需要精確，後續再至施工現場與貼磚師傅做確認。

因此水電階段的管線配置錯誤，會導致磁磚計畫出現問題，每個階段的工程確認都要仔細，以減少後續施作的問題產生！

常見磁磚種類

磁磚以中華民國國家 CNS 標準概分為三類：陶質、石質、瓷質。這三種材質依 CNS 標準分類的關鍵為吸水率的高低，陶質面磚吸水率 18% 以下、石質面磚吸水率 6% 以下、瓷質面磚吸水率 1% 以下。大至上來說，陶質、石質為施釉磚，而瓷質為吸水率低且硬度高的石英磚。

1. 陶質磁磚

製程：主要製程包括原料選擇、製成坯體、燒製、釉面處理等步驟。燒製溫度通常在 1000℃ 左右，並且不需要二次燒製。

特性：陶質磁磚的主要特點是價格較低，但相對耐磨性和抗滑性較差。它通常用於低需求的場所，如住宅的臥室或客廳。

2. 石質磁磚

製程：石質磁磚的製程複雜度較高，需要精密的原料配比和嚴格的燒製控制。一般採用快速燒成，燒製溫度在 1100～1200℃，並且通常只需一次燒製即可完成。

特性：石質磁磚具有較高的耐磨性和抗滑性，適合用於需要較高耐用性的場所，如商業空間或公共場所。

3. 石英磚（瓷質）

製程：瓷質磁磚的製程是最複雜和嚴格的，需要高溫燒製和精密的製程控制。燒製溫度需要在 1300℃ 以上，並且需要長時間的燒製，通常超過 20 小時，以確保完全的熔合和高密度。

特性：瓷質磁磚是品質最高的磁磚種類，具有優異的耐磨性和抗滑性，適合用於高要求的場所，如廚房、浴室等。

洩水坡度

洩水坡度，又稱排水坡度，是指地面或牆面設計的傾斜角度，讓水能夠順利流向排水口或其他排水系統。根據建築技術規則和建築設備規定，洩水坡度通常有 1/50（大洩）和 1/100（小洩）兩種標準。

大洩（1/50）：長度每 50 公分高度需達 1 公分以上。
小洩（1/100）：長度每 100 公分高度需達 1 公分以上。
在浴室等潮濕場所，洩水坡度至少應為 1/100，以避免長時間積水導致防水層老化。洩水坡度的設計是一項重要的工法，過淺或過陡都會影響排水效果。如果洩水坡度不足，水無法順利流向排水孔，容易積水；反之，如果洩水坡度過大，水流速度過快，可能造成污物無法隨水流排走。

在選擇磁磚時，建議選擇面積較小的磁磚，因為大型磚鋪設完成後可能會略微塌陷，影響洩水坡度。小型磁磚的縫隙較多，水可以沿著磁磚縫隙流入排水孔。馬賽克磚或是 30cm*30cm 的磁磚是製作洩水坡度最容易的瓷磚之一。透過適當的洩水坡度設計和合適的磁磚選擇，可以確保浴室等場所的排水系統正常運作，延長防水層的使用壽命。

外牆拉皮

外牆拉皮透過不同的工法改建外牆、改善屋況，通常可以分為塗料、石材、貼磚與鐵皮，在處理漏水問題時，整治外牆是非常重要的，而且同時也可以提升外觀美感。

常見外牆拉皮做法包含以下三種：

1. 傳統貼磚

施作流程：敲除舊磁磚→重新施作水泥粉刷層→水泥砂漿填補→貼新磁磚

- 需注意施工品質。
- 再次劣化的風險，因早期施工混凝土可能中性化，會再度造成磁磚裂開、剝落等情況。
- 高樓不宜貼磚，台灣常地震、氣候變化大，貼磁磚容易受影響。

2. 外牆塗料

施作流程：刮除舊有表面層（磁磚或塗料）→清洗牆面→水泥砂漿填補裂縫→施作外牆防水塗料

- 注意塗料的品質，因應台灣氣候，塗料的耐候性與防水等效果。
- 混凝土中性化為關鍵，水泥應保持強鹼性，可以在施作前先行檢測。

3. 金屬鐵板包板

施作流程：外牆施作鋼架結構→封上金屬板材（常見不鏽鋼／鍍鋅浪板）

- 也就是俗稱的鐵皮包版、穿鐵衣，施工快速。
- 但台灣氣候變化大，需注意施工品質，否則後續會衍生很多問題。

Point 5. 門窗工程

門與窗是連結室內與室外的媒介，不管是動線與採光通風都與之有關，而尺寸與樣式的設計規劃好，能讓居住者舒適，從翻新老屋的角度來看，經過時間的推移，窗戶都會有隔音不良，窗框滲漏與窗戶部件劣化的問題，放眼現在的鋁窗品牌，無論是功能還是規格都有全面的提升，入戶的大門亦是如此，早期的配置都是以雙玄關鐵門及木門為主流，但在更新之後都有了新的規範需遵循，準備好就開始吧！

老屋翻新的門窗施作內容

· 大門更新　　· 鋁窗更新

入戶大門的更新

大門在更新之前以公寓來說，都以雙玄關門為標準型態，在二、三十年前，台灣的治安並非那麼的穩定，絕大多數的住戶都認為雙玄關門先開內門，透過外開鐵門來觀察來訪的人員是否為自己熟識的對象，遇到可疑人士至少都還有一道鐵門可以阻隔，即便是近代興建的華廈或是電梯大樓，在有管理員把關下也是如此，才會有安全感，另外若是新設大門或是更新大門，都需使用防火門，關於防火的民眾意識與政府規範也於近年陸續修法，準備要裝修的讀者們，必須注意在挑選款式時，挑選的門是否有相關認證。

玄關門材質 & 種類

1. 鍍鋅鋼板門（硫化銅門）：防盜性能最佳

特點：堅硬耐用，防盜性能強。
適用場景：單玄關或雙玄關門，內外玄關皆適合。

代表性款式之一是硫化銅門，由於其堅硬的材質，具有強大的防盜功能。無論是單玄關或雙玄關，內玄關或外玄關門款式都非常適合使用硫化銅門。若搭配其他材質如鍛造門花、鑄鋁門板、壓花鋼板、木門板等製作成不同功能和外觀風格的門，常常會選擇硫化銅門作為雙玄關門的內玄關門。而外玄關門則常以鍛造門、不鏽鋼門、門中門、通風門等作為搭配。

2. 鍛造門：結合美感與實用性的外玄關選擇

特點：美觀大方，兼具防盜功能。
適用場景：單雙玄關大門的外玄關。

通常適用於單雙玄關大門的外玄關，以鍍鋅鋼板為門片和門框的主體材料。這種門款式的特色在於門片中加入了精美的鍛造門花，同時搭配兩層玻璃材質夾製而成，形成多種風格如日式、鄉村風、簡約或華麗等不同造型的藝術門。

這種設計不僅呈現出鍛造的美麗，同時也具有實用性。通過玻璃，你可以預見來訪的客人，而不必開啟門才能看到外面的情況。同時，鍛造門結合了防盜與便利功能，提升了入口的安全性和使用便利度。

3. 不鏽鋼門：提升安全性的首選

特點：耐腐蝕，適用於公寓、居家和防火通道。
適用場景：公寓玄關、居家玄關、防火通道。
注意事項：選擇防盜性能較高的不鏽鋼門，以提升安全性。

常見於公寓玄關門、居家和住家，以及一樓防火巷後面等位
置使用的大門。在公寓住宅中，不鏽鋼門常與不鏽鋼信箱搭
配使用，作為第一道防盜措施，取代了過去容易腐蝕的黑鐵
門。對於原先已有硫化銅門的單玄關款式，為了增加防盜和
使用便利性，通常會改成雙玄關款式，並外加安裝不鏽鋼
門。

在市場上有較便宜的版本，但其防護性較低，因此相對於不
鏽鋼玄關門，一般不建議使用。另外，對於原本以鍍鋅鋼鐵
為主的門款式，實際上可以將其材質更換為不鏽鋼，從而增
加其防盜性能，讓小偷更難進行破壞，並延長其使用壽命。

4. 壓花門：結合美觀與防盜的藝術品

特點：鋼板強度高，外觀美觀。
適用場景：單雙玄關門的內玄關。

一般推薦用於單雙玄關門中的內玄關門。在材質上，通常以金屬板經過壓花製成壓花鋼板門片，
並在門片上加上粉體烤漆塗裝。這種設計不僅保留了鋼板的強度和防盜功能，還兼具美觀效果。

表面波紋花樣多變，形成不同造型風格的藝術門，為玄關增添了獨特的風格和氛圍。

5.鑄鋁門：簡約典雅的玄關大門

特點：高雅豪華，耐氧化耐腐蝕。
適用場景：單雙玄關門的內玄關。

一般推薦用於單雙玄關門中的內玄關門。鑄鋁玄關門的門花是以鋁合金液體在熔融狀態下，再注入專業模具製成。整體風格高雅豪華，為玄關帶來了輕盈的氛圍。

採用鋁材質，具有耐氧化、耐腐蝕和生命周期長的特性，適用於各種場所，包括住宅、公寓、別墅豪宅、高檔公寓、透天、五星級酒店和公司的玄關大門。

6. 鋼木門：結合風格與功能的完美選擇

特點：結合木質裝潢風格，美觀舒適。
適用場景：單雙玄關門的內玄關。

又稱鑄鋁鋼木門，一般推薦用於單雙玄關門中的內玄關門。這款門的設計旨在與室內裝潢風格融為一體，給人帶來溫暖舒適的感覺。在材質上，玄關門靠室內的一面設計為木質門片，而靠室外的一面則採用鑄鋁門板，兩者的結合讓門的外觀不再像鍍鋅鋼板門那樣冰冷和不協調。由於這是相異材質的結合，因此鋼木門的成本價格相對較高。

在玄關門的選擇中，鋁門一般推薦做內玄關居多。鋁合金玄關門較輕，既堅韌又輕巧，不易產生開啟及關閉的障礙。相較於一般金屬，鋁合金不易氧化，且即使發生氧化也不會迅速往內繼續惡化。然而，與鍍鋅鋼板門相比，鋁門的防盜性能較差。市場上有分為氣密門與隔音門，若需要隔音效果，則建議選擇具有隔音等級的隔音門作為內玄關門，並搭配上鍍鋅鋼板門或不鏽鋼門作為外玄關門，以實現雙玄關款式的使用。

防火門與認證

1. 防火門的種類
☐ 木質防火門：使用難燃木材或難燃木材制品製成，包括門框、門扇骨架和面板。
☐ 鋼質防火門：以鋼質材料製造門框、門扇骨架和面板，內部填充無毒無害的防火隔熱材料。
☐ 鋼木質防火門：結合鋼質和耐燃木質材料或制品，製作門框、門扇骨架和面板。
☐ 其他材質防火門：使用無機不燃材料或部分使用鋼質、耐燃木材等，內部填充對人體無害的
　　防火隔熱材料。

2. 等級劃分
☐ 甲級防火門：耐火時間不少於 1.5 小時，使用耐燃材料製成，耐火性能高。
☐ 乙級防火門：耐火時間不少於 1.0 小時，常用於家庭防火，選用防火五金配件。
☐ 丙級防火門：耐火時間不少於 0.5 小時，使用防火隔熱材料填充，對耐火隔熱性沒有具體要
　　求。

3. 防火認證標準
台灣的防火認證標準通常包括建築法規、消防法規、建築構造
強度與防火安全設計標準等相關法規和標準。這些標準通常包
括材料的防火性能、耐火時間、阻燃能力等指標，以確保大門
在火災發生時能夠有效地阻止火勢擴散，保護人員和財產的安
全，合格的產品都會有一個證明固定於產品上（如圖）。

📖 名詞小百科　**60A 防火門**

F 代表此產品為「防火」產品，60（數字）代表此產品的「防火時效」或「阻熱時效」（單
位：分鐘），A 或 B：A 代表此防火產品「具有防火時效，且具有阻熱時效」之防火性能，
B 代表此防火產品「具有防火時效，但不具有阻熱時效」之防火性能。

例如：
F60A － 表示「具有 60 分鐘（1 小時）防火時效，且具有 60 分鐘（1 小時）阻熱性時效」
之防火性能。
F60 / 30A － 表示「具有 60 分鐘（1 小時）防火時效，且具有 30 分鐘（0.5 小時）阻熱性
時效」之防火性能。
F120 / 60A － 表示「具有 120 分（2 小時）防火時效，且具有 60 分鐘（1 小時）阻熱性時效」
之防火性能。
F60B － 表示「具有 60 分鐘（1 小時）防火時效，但不具有阻熱性能」之防火性能。
F120B － 表示「具有 120 分鐘（2 小時）防火時效，但不具有阻熱性能」之防火性能。

挑選玄關門鎖

1. 防盜性能：選擇具有良好防盜功能的門鎖，如防撬、防鑽、防技術開鎖等特點。
2. 耐用度：考慮門鎖的材質和品質，選擇耐用、不易生鏽的門鎖產品。
3. 易於操作：門鎖操作應該簡單流暢，適合家庭成員使用，同時要求開啟和關閉方便快捷。
4. 防水防腐：如果玄關門暴露在戶外或易受潮濕環境影響，則需考慮門鎖的防水防腐性能。
5. 外觀設計：門鎖應與玄關門的整體風格和設計相匹配，美觀大方。

常見鋁窗更新配置

1. 氣密窗

功能：有效阻擋室外風雨，保持室內溫度，並能阻擋普通噪音。
適用範圍：客廳、書房、睡房等。

氣密窗是鋁門窗的進階版本，這些窗戶通常配備氣密膠條，經常使用 5mm、8mm、5+5mm
的玻璃，5+5mm 比一般 5mm、8mm 玻璃具有更好的節能和隔音功能。鋁門窗的品質與性能
是依據 CNS 國家標準來規範的。這些標準確保了窗戶在氣密性、水密性、抗風壓和隔音等級上
的基本要求。要達到氣密窗的基本標準，窗戶必須通過以下 CNS 國家標準測試：
水密性：指數至少為 50。
氣密性：指數至少為 2。

抗風壓：指數至少為 360。
隔音：指數至少為 30。

氣密窗等級標準説明

	氣密性	隔音性	水密性	抗風壓
功能	窗戶通風程度與氣密程度	阻絕室外音量的效果	窗戶防漏水防滲水的效果	氣密窗承受不同風壓的能力
等級	2、8、30、120 等級越小氣密性越好	TS-25、TS-30 TS-35 、TS-40（等級）等級越高 隔音效果越好	10、15 25、35、50（kgf/m²）等級越大 水密性越好	80、120 160、200 240、280、360（kgf/m²）等級越大 抗風壓越好

氣密窗優缺點

優點	缺點
· 高效的氣密性能，能有效阻擋室外風雨。 · 能提供一定程度的隔音效果。 · 多樣化的款式，可量身訂做。	· 價格相對於普通鋁窗較高。 · 隔音效果受到玻璃厚度和材質的影響。 · 密封效果可能會隨時間逐漸減弱，需要定期維護。

2. 隔音窗

功能：更有效地阻擋噪音，並可根據不同玻璃類型達到節能隔熱的效果。
適用範圍：高噪音地區，如高鐵、機車、交流道附近，或對聲音敏感的人群。

隔音窗是氣密窗的進階版，特別強化了玻璃、框體強度和窗型設計，擁有更好的隔音性能。由於窗戶大部分結構由玻璃組成，因此隔音窗的關鍵特點是玻璃的厚度。更厚或特殊訂製的玻璃需要更強的框體來支撐。在噪音較大的環境中，可能會製作成雙層或更多層的窗戶，利用窗扇之間的空氣層進一步隔音。

隔音窗優缺點

優點	缺點
· 提供比氣密窗更卓越的隔音效果。 · 窗型比較大，可放置更厚的玻璃以提高隔音效果。	· 隔音窗的成本通常比氣密窗更高。 · 隔音效果受到現場環境、個人感受等因素的影響，因此具有主觀性。

名詞小百科　鋁窗

鋁窗其實是一個統稱，其實只要是〔鋁〕這種材質加工的窗戶，都是鋁窗。不管是氣密窗、隔音窗、格子窗、平面窗、推開窗……都稱之為鋁窗。

常見玻璃種類

對於老屋翻新而言，即使沒有達到專業隔音等級的配置，氣密窗的隔音效果仍然優於傳統窗戶，能夠滿足大多數客戶的基本隔音需求。然而，在噪音較大的環境中，使用隔音窗搭配膠合玻璃會是更佳的選擇，因為這種組合在隔音性能上優於複層中空玻璃。

當然，如果客戶有隔熱和隔音的雙重需求，則複層中空玻璃可能是更合適的選擇。在進行選擇時，場地勘查、需求討論以及預算平衡是決策過程中的關鍵考量。這些因素共同決定了最終的窗戶選擇，以確保既符合客戶的需求，又能夠達到預期的居住舒適度和功能性。

1. 單層玻璃

單層玻璃是最基本的玻璃類型，它由一層玻璃製成，通常用於內部隔斷或者在氣候溫和的地區。然而，它不提供額外的隔音或隔熱效果。

2. 複層玻璃

為兩片單層玻璃合成，中間為中空層，玻璃厚度越厚，且中間空氣層越寬，溫度的傳導效能越差，因此節能效益會越好。因此如果有西曬、迎風面可以考量使用。

3. 膠合玻璃

膠合玻璃由兩層或多層玻璃組成，中間夾有一層塑性膠膜。這種結構使得膠合玻璃在受到撞擊時不易碎裂，提供了安全性。膠合玻璃具有極佳的透明性、強度、耐貫穿性、耐熱性及抗紫外線等特質，並且可以優異之接著力將兩片成型玻璃黏結成一體，多了中間的模，更會比一般玻璃更具有隔離聲音的效果。

隔音效果：膠合玻璃＞複層玻璃＞單層玻璃

門窗施工方式

1. 乾式施工（包框）

保留舊有的窗框不拆除，將新的窗框包覆在舊窗框上，優點是施工快速、費用較低，但因為舊有窗框導致窗框會變厚而且難免有縫隙，可能導致整體隔音效果降低。

2. 濕式施工（泥作）

拆除舊窗與框，裝置新框後，窗體周圍需經泥作修補與油漆粉刷，優點是可保有整體氣密隔音度、水密、強度，也可以調整窗體周圍牆壁與加強完整性，當然工期較長，費用也較高。

通風門

在老屋翻新中，一般會在廚房連結後陽台的門，選擇三合一通風門，作為良好通風的媒介，關閉時可以有效隔音，烹飪時也能將油煙順利排出。

主要功能：

1. 提供良好的空氣流通：通風門能夠有效地引入室外新鮮空氣，同時排出室內的汙濁空氣，保持室內空氣清新。

2. 調節室內溫度和濕度：通風門在夏季可幫助降低室內溫度，提供涼爽舒適的環境；在冬季則可協助排出室內濕氣，防止潮濕和霉菌的滋生。

3. 改善室內空氣品質：通風門有助於排除室內的有害氣體、異味和揮發性有機化合物，提高室內空氣品質，有利於居住者的健康。

4. 提供安全保護：通風門通常設計為防護性能較高，具有抗風、防水、防盜等功能，確保室內安全。

Point 6. 木作工程

在室內裝修中，木作工程一直扮演著至關重要的角色。木作天花板、室內木作門、包覆管線、床頭背板等元素，不僅具有實用功能，更能為室內空間增添獨特的美感和風格。接著我們將深入介紹木作工程的施工流程、注意事項以及裝修效果，不管是新成屋還是老屋翻新，這些都是裝修過程中的重要細節。

老屋翻新的木作施作內容

· 平釘天花板　· 木作門系列　· 管線包覆美化　· 冷氣盒／窗簾盒
· 臥室床頭背板　· 木作隔間工程

天花板－平釘天花板

天花板的造型變化有很多，但是在老屋當中，基礎工程已經耗費相當多預算，因此會以簡潔的平釘天花施作居多，而施作天花板的主要目的是將管線與設備等隱藏，而其中最重要的就是高度問題，原始樓高若不夠高，天花板的高度就會受限，通常以 270～280 公分左右的樓高會較為舒適，盡量避免施作天花板後高度小於 210 公分，避免居住產生壓迫感。

1. 規劃目的

隱藏管線：當需要隱藏電線、冷氣排水管、消防管線等。
照明設計：適合進行嵌燈或間接照明的設計。
視覺整潔：提供整齊劃一的視覺效果。
造型設計：當天花板需要加入造型設計元素。

平釘天花板優缺點

優點	缺點
· **美觀隱蔽**：能有效隱藏管線，使天花板看起來整潔。 · **設計靈活**：可進行多樣的照明和造型設計。 · **空間整潔**：拉齊天花板水平，修飾凹凸不平的面。	· **降低屋高**：封裝天花板會佔用一定空間高度，可能造成空間壓迫感。 · **維修不便**：若管線需要維修，可能需要拆除部分天花板，增加維修難度和成本。

2. 平釘天花施工流程

訂高度→吊筋、下角料→封板→面材選擇與施作

Step1. 訂高度：以完成面的高度為基
準，使用雷射紅外線儀將水平打出來，
接著準備釘角材。

Step 2. 下角材：角材通常以 1 吋 2 的集層角材施作，沿著天花四周的壁面釘角材，也可稱為壁邊材，特別要注意牆面或天花板若有配置管線，要避開。四周的角材固定好以後，接著會下縱向與橫向角材，也就是主支（縱向）與副支（橫向），先固定好主支，接著會固定副支。

Step 3. 固定吊筋：地心引力的關係，整面天花板會往下垂，施作吊筋以確保天花板可以更穩固，而吊筋與主副支固定時也要留意天花板水平。

Step 4. 封板：在天花板骨架上塗抹白膠，接著將板材貼附，貼附時以板材中間先黏貼，在將左右兩側固定，若是左右兩側先固定，中間可能會下垂無法固定，這是小細節。板材之間要預留約 3mm 的縫隙，在後續油漆工程時，AB 膠才可以順利咬合。

3 常見角材
集層角材：單片夾板堆疊，透過膠合熱處理製成，可降低彎曲變形的機率。

木作門－室內木作門／木作滑門／隱藏門

1. 室內木作門

室內木作門是裝飾室內空間的重要元素之一，通常由實木或者木製材料製成，具有耐用性和美觀性。木作門可以根據不同的需求和風格進行設計，包括單扇門、雙扇門、折疊門等不同形式。它們可以作為房間之間的隔間，也可以用於衣櫃、儲物間等場所。在裝修中，木作門的選擇往往會受到空間大小、風格和功能需求的影響。

常見房間門高度會在 210～220 公分，有些門高會希望做高做寬，看起來比較大器，但也須依實際空間大小所定，比例若是差太多反而看起來很奇怪。

規劃目的：提供美觀且實用的空間分隔，為普遍裝修預設的臥房門配置。

室內木作門優缺點

優點	缺點
多樣的設計選擇，能夠與室內裝潢完美融合。	相較工廠量產的門片，木工訂製門的單價會比較高。

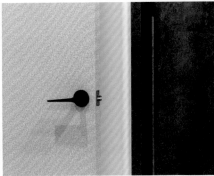

2. 軌道滑門

滑門是一種在軌道上滑動開關的門，具有省空間、方便開啟和美觀的特點。它可以分為內置式和外掛兩種形式，內置式滑門通常安裝在牆壁內部，而外掛式滑門則安裝在牆面上方。滑門可以採用各種材料製作，包括木材、玻璃、金屬等，並且可以搭配各種風格的裝飾，例如木質框架配以玻璃門板，或是金屬框架搭配簡約風格的門板。在室內裝修中，滑門常用於衣櫥、浴室、書房等空間，具有隔斷空間、提升空間利用率的作用。

規劃目的：不希望門片的迴轉半徑阻礙空間動線，適合客廳、儲藏室、衛浴等沒有隔音需求的公共領域使用。

軌道滑門優缺點

優點	缺點
可以有效地分隔空間而不影響整體的開放感；設計靈活，可根據需要隱藏或展示。	無法有效隔絕噪音或油煙，且如果軌道安裝在天花板上，會需要足夠的牆面寬度才能規劃。

3. 隱藏門

隱藏門是一種特殊設計的門，通常與牆面無縫結合，看上去就像是牆面的一部分，因此也被稱為隱藏式門或隱藏式門板。隱藏門可以完全融入室內裝飾，不僅節省空間，還能增添室內的整體美感。在設計上，隱藏門的開啟方式多樣，可以是推拉式、旋轉式、擺動式等，根據具體的需求和空間情況進行選擇。隱藏門常用於書房、影音室、浴室等場所，讓空間更顯整潔、美觀。

規劃目的：隱藏門可以與牆面融為一體，提供一個乾淨、簡約的外觀。

隱藏門優缺點

優點	缺點
能夠放大空間感，增強視覺整體感，並提升隱私保護及收納空間。	無把手設計可能容易沾染髒汙，且比起一般門片，隱藏門的價格通常較高。

包管－空調銅管／衛浴廚房排風管線

在許多設備與管線裸露的情況下，會顯得特別凌亂，除了工業風可能會特別配置管線位置呈現美觀以外，通常都會以木作的方式將管線包覆，使整體空間更加簡單美觀，從空調的吊隱風管、排水管線包覆到廚房衛浴排風管、甚至是全熱交換機，都透過木作隱藏，這也是為什麼木作工程的預算會占比很高的原因。

大家常聽到的冷氣盒，就是為了將冷媒銅管隱藏起來的，而有些情況也會與窗簾盒合併施作，窗簾盒則是將窗簾上端的軌道隱藏在內的一種形式。

1. 冷氣包管

分為無梁、有梁，差別在於厚度，沒有梁的話，深度會較少，有梁的包管深度，依照梁的寬度會產生較深的距離。

原始建築預留的排水孔位置若是太低或太高，冷氣廠商就需要修改排水管位置，否則照原始的施做，冷氣位置可能會太高或太低，可能造成排水不良及缺乏美觀等問題。

冷氣排水管會包覆「隔熱的保溫棉」做加強，避免冷凝水進到木作板材或牆面，冷凝水就是平時在炎熱夏天喝飲料時，外壁上會凝結水珠的概念。而冷氣與牆壁的壁面排水銜接管材，通常以硬管（PVC）銜接較為適合，因為窗簾盒會壓縮管線的轉折點，若使用軟管，可能會造成阻塞、排水不良。

2. 迴風高度

冷氣機的下緣到樓頂天花板至少要預留 38～40 公分，也就是冷氣機的上方有 10～15 公分左右的空間，產生良好的冷房效應。

冷氣包管注意事項

1. **冷氣工班配合放樣**：因應不同冷氣品牌，排水的位置也會有所改變，冷氣工班在牆壁上放樣，清楚告訴木工師傅哪邊是排水與銅管的位置，要開多大尺寸的孔洞，以便後續管線可以出線。
2. **壁掛式冷氣需要做補板加強**：冷氣懸掛時是鎖螺絲，背部懸掛加釘厚木板做加強，以便螺絲可以鎖在面板上，不會懸空。
3. **放樣與水平**：從雷射儀放樣水平高度，到釘角材的過程，都需要不斷地調整水平，確保後續施作的美觀性與平整。
4. **板材倒角與縫隙**：確實預留板材間的倒角與縫隙，後續油漆工程在塗抹 AB 膠時，可以有效地咬合進去，減少日後裂縫的產生。

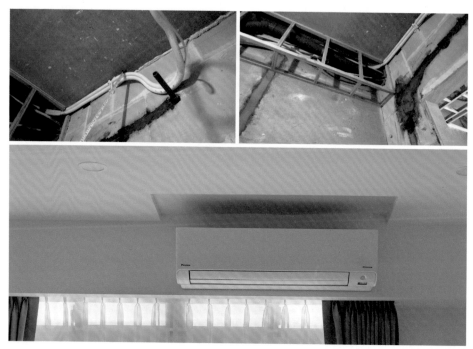

左上／白色管線為冷媒銅管與灰色管是預留冷氣排水。**右上**／木作預包覆管線示意。**下**／冷氣迴風高度。

冷氣盒／窗簾盒

1. 冷氣盒常見做法

· **頂天式**：上方板材直接釘在樓板上。
· **非頂天式**：上方板材會下降一些，在額外釘上矽酸鈣板，而這邊要留意在迴風盒的上方需要
　　　　　　加上吊筋，增加結構穩固，否則日後容易產生裂痕。

冷氣盒尺寸通常會依照冷氣型號的長度左右多預留約 5 公分，而深度通常會抓 45 ～ 50 公分，
讓吊掛與拆卸清洗維修較方便。

左／冷氣盒與窗簾盒合併施作示意－施工中，尚未安裝冷氣。**右**／冷氣盒與窗簾盒合併施作示意－已完工。

2. 窗簾盒常見做法

依型式分為**外掛式、嵌入式**

一般會先確認窗簾的型式，在依照各種窗簾型式合適的標準預留盒深，常見的單軌窗簾，深度
通常最少會抓 10 ～ 12 公分，而雙層也就是一布一紗的類型通常會到 18 ～ 22 公分，因應整體
空間的設計規劃做微調。

各式窗簾盒深度建議

窗簾形式	盒深尺寸
25mm 百葉	8cm
三摺簾、捲簾、風琴簾、羅馬簾、直立式百葉、50mm 百葉	10cm
蛇型簾	15cm
一布一紗	18cm
垂直柔紗簾	20 ～ 23cm
一蛇＋三摺	25cm
雙層蛇行簾	30cm

左／施工中的窗簾盒，窗簾盒深度示意。**右**／完工示意。

床頭背板－整合插座與視覺延伸

現成的床頭背板與訂製床頭背板的差異是很大的，雖然他並非裝修的必要項目，但現成的床頭架與背板在體驗上會有不少的困擾。

1. 現成床頭背板

優點	缺點
· **即時購買**：現成的床頭背板可以直接從商店選購，無需等待製作時間。 · **成本效益**：通常比訂製的床頭背板便宜，因為是大量生產的。	· **尺寸限制**：可能無法完美適配所有床型，尤其是非標準尺寸的床，更換床墊尺寸時可能需要重新添購。 · **材質和設計**：選擇有限，可能無法找到完全符合個人需求的材質和設計。 · **耐用性問題**：部分現成床頭背板可能在品質和耐用性上不如訂製品，可能因為單片式或是結合床架等組立方式，長時間使用容易有異音或是晃動等問題。

2. 訂製床頭背板

優點	缺點
・ **個性化設計**：可以根據個人喜好和需求訂製尺寸、形狀、顏色和材質。 ・ **完美適配**：訂製床頭背板能夠完美適配床的尺寸甚至延伸至整面牆體來營造臥室的風格。 ・ **高質感**：木作床頭背板通常使用優質材料，手工製作，質感和耐用性更佳。 ・ **整合插座開關**：可以結合開關與插座集中控制，使用上更為便利，不再卡到床頭櫃。	・ **較高成本**：訂製床頭背板通常價格較高，因為需要手工製作和個性化設計。 ・ **製作時間**：訂製過程需要一定的時間，無法立即獲得成品。 ・ **變更位置**：訂製床頭背板會結合牆面，日後無法變更床的擺放位置。

Point 7. 油漆工程

面對老屋，牆面不平整、坑坑巴巴等情況都非常嚴重，因此在油漆工程時，每個工序都至關重要。從粗磨清潔到底漆面漆的施工，每個步驟都需要細心執行，以彌補牆面的瑕疵。考慮到牆面的不同材質和使用場景，選擇適當的施工方法能夠實現更好的效果，為空間帶來更持久、美觀的改造。

老屋翻新的油漆施作內容

· 牆面檢補　· 牆面透批　· 不同材質交界上漆

常見油漆種類

1. 水泥漆

水泥漆一般常用於室內牆面，因為附著力好、易上色，價格經濟實惠，CP 值很高，但因為它會呼吸，所以不適合用濕抹布擦拭，在清潔上較麻煩，耐候性也較差，通常維持 2～3 年。

2. 乳膠漆

乳膠漆成分中加了樹酯，增加了彈性而且沒有毛細孔，可以濕布擦拭，有些品項也同時有防霉抗菌、防潮等功能。通常可維持 5 年以上，價格相較於水泥漆貴上許多。

3. 油性調和漆

以醇酸樹脂為原料、混合添加劑和顏料所製，需加入松香水、甲苯等溶劑作為稀釋劑，粉刷後具刺鼻臭味，乾燥時間較久，不建議室內使用。

4. 礦物漆（灰泥塗料）

新型環保的塗料，原料取自天然礦物，提升機能、穩定性，揮發性有機化合物（VOCs）及甲醛含量也極低，給予人體健康同時友善環境。

5. 藝術塗料

大多數藝術塗料為歐美進口，成分來自天然石灰與植物纖維合成，成本高，但可以呈現出不同於一般油漆的塗佈效果，透過手感創造多元的藝術效果，相較於其他塗料，師傅的塗佈技術比重高。

6. 仿岩漆

仿石塗料，為天然石粉與石英砂經高溫窯燒而成，透過專業噴漆後呈現仿真大理石與花崗石的效果，質感與色彩接近天然石材。除了噴塗方式也可以用塗刷呈現特殊刷紋，增添層次。

7. 珪藻土

有毛細孔，因此可以吸收水分，調節空氣中的濕氣、抑制黴菌與吸附甲醛，為零汙染的環保材質，但不耐磨，表面較為粗糙，不易清潔。

油漆工序

當進行老屋翻新時，室內油漆工序是一個重要的步驟，涉及多個階段，每個階段都有其特定的注意事項。以下是老屋翻新時室內油漆工序的整理及各階段的注意要點：

1. 準備工作

清潔牆面：確保牆面乾淨無塵，移除任何剝落的油漆或壁紙。

修補裂縫：使用適當的材料填補牆面裂縫或洞口。

打磨牆面：使用砂紙對牆面進行打磨，以便油漆更好地附著。

Hiro 的老屋課筆記

老屋的牆面坑坑疤疤，事前溝通非常重要！

若對平整度有極高的要求，可以考慮是否封板於牆面，直接蓋掉原本的波浪紋路與坑洞，雖然費用會高出許多，但為了避免日後驗收時的糾紛，事前溝通非常重要。

2. 補土／批土／批灰

牆面補土工序：1. 初步刮除牆面上異物及清潔 2. 裂縫處及凹洞處批土 3. 批土處打磨至光滑 4. 清潔 5. 油漆

Hiro 的老屋課筆記
檢補與透批的差別

以老屋牆面來說，早期有許多石頭漆等不同凹凸的牆面風格，燈光打在牆面上會有非常多陰影，或者是生活痕跡導致牆面不太好看，因此利用補土將牆面補平。補土材料很多種，師傅會依照牆面狀況選擇適合的補土施作，而透批指的是重複補土的步驟，因為老屋的牆面可能非常的不平整，需要經過多層處理，才能達到良好的平面效果，重複批土 2～3 層以上的工序，會稱為透批，在後續打磨上色，牆面會相較於檢補一層的視覺感好上很多。

老屋自住為主以及牆面要求度較高的屋主通常都會建議透批工法，而若是出租套房就可以檢補作為節省預算的方式。

若覺得牆面真的太不平整，透批可能也沒辦法達到理想的結果時，也可以選擇直接在牆面上釘夾板、矽酸鈣板，但是會犧牲掉部分厚度，內部空間將會變小。

3. 打磨

用砂紙或砂磨機進行打磨，表面會變細緻，後續上色效果會更佳。

4. 底漆

上表面漆之前，會先做一層底漆，除了讓色澤更均勻，也能防止反潮等問題。

5. 上面漆

塗上第一層面漆：例如乳膠漆，如果有不平滑的地方可用底灰修補。

磨平：再次用砂紙磨滑牆身表面至平滑。

塗上第二層面漆：待第一層面漆乾透後，再塗上第二層面漆。

塗上第三層面漆：如果需要，待第二層面漆乾透後，再塗上第三層面漆。

6. 清潔與整理

清潔：完成所有塗漆工作後，清潔所有油漆工具，並移除所有保護膜和膠帶。

檢查：檢查是否有遺漏或需要修補的地方。

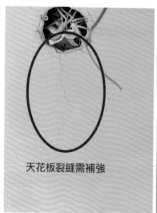  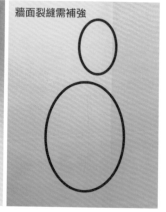

天花板裂縫需補強

牆面裂縫需補強

油漆常見 **Q&A**	
Q	**A**
為什麼裝修時油漆完成後，牆壁不久後就出現裂縫？	老屋翻新後出現油漆裂縫的原因可能有幾個，包括： **收水裂紋**：新牆在乾燥過程中因為水分蒸發而收縮，導致裂紋產生。 **熱脹冷縮**：牆體內的材料（如水泥、沙子、磚塊、鋼筋）隨著氣溫變化而膨脹或收縮，造成裂縫。 **施工不當**：如果新批盪（批灰）施工不當，可能會引致新舊灰分離，導致裂縫。 **樓宇結構問題**：結構性問題，如鋼筋生鏽爆裂，也可能導致牆面出現裂縫。 為了避免這些問題，建議在翻新前進行詳細的結構檢查，並確保施工過程中使用適當的材料和技術。如果已經出現裂縫，則需要根據裂縫的類型和原因進行相應的修補。

油漆上色方式

室內油漆工法主要包括噴塗、滾塗和塗刷三種方式，每種方法都有其適用的情況與獨特的優缺點。以下是對這三種常見油漆工法的整理：

1. 噴塗

噴塗是使用噴槍將油漆霧化後塗佈於牆面的方法。適用於大面積的塗佈，如天花板，因為它可以快速完成並且漆面非常均勻。

優點	缺點
・施工快速且漆面均勻。 ・適合大面積塗佈，省力且減少油漆滴落。	・牆面處理需要更平整。 ・需要空屋或妥善覆蓋室內物品以避免污染。

2. 滾塗

滾塗是使用滾筒將油漆塗佈於牆面的方法。它適合於需要厚實手作感的牆面，並且可以提高施工效率。

優點	缺點
・塗刷範圍大，提高施工效率。 ・塗層厚實，具有手作感。	・漆膜厚，易留刷痕。 ・滾筒無法觸及牆面角落。

3. 塗刷

塗刷是使用刷子手工將油漆塗佈於牆面的傳統方法，它適合小面積或局部修補。

優點	缺點
・適合小面積或局部修補。 ・不需特殊技巧。	・單次塗刷面積小，較耗時。 ・可能留下刷痕。 ・選擇合適的油漆工法取決於具體的施工環境和效果要求。例如，如果需要快速完成大面積的塗佈，噴塗可能是最佳選擇；而對於需要細緻處理的小面積，則可能選擇傳統的塗刷方法。在進行室內油漆時，了解這些工法的特點能幫助達到更好的裝修效果。

幾種常見油漆施作區域

- 室內牆壁－水性水泥漆、水性乳膠漆
- 室外屋頂－底漆（增加附著力）、中塗（增加厚度）、防水面漆
- 室外牆壁－外牆水泥漆、彈性防塵漆、耐候漆、石頭金油
- 金屬－調合漆、永保新（EPOXY、用於室內）、優麗漆（PU 用於室外）
- 木頭－調和漆（完全蓋色）、木器漆（保留木紋）
- 地坪－永保新（環氧樹脂 EPOXY）
- 浪板、鐵皮－彩鋼浪板漆

	水性乳膠漆	油漆調和漆	護木漆	水性水泥漆
室外		✓	需室外專用護木漆	✓
室內	✓			✓
木材	需特殊步驟	✓	✓	
金屬		✓		

Point 8. 鋪面工程

地板,是每天出入必須使用的,除了觸覺體驗,視覺也佔了約整個空間的一半面積,在地板鋪設的工程中,選擇合適的施工工法和地板拼法至關重要,這直接影響到地板的美觀、穩固性和使用壽命。地板種類的多樣性提供了我們非常多選擇,從木地板到仿木地板、石塑地板、磁磚等,每種地板材料都有其獨特點和適用場景。同時,地板的耐磨性能也是在選擇地板時,需要考慮的重要因素之一。這個章節讓大家對於地板鋪設工程,有更深入的了解,不管是事前準備挑選與施工前後,都能順利的打造溫暖的居家環境。

老屋翻新的鋪面施作內容

· 原磁磚鋪設木地板　· 浴室磁磚拆除重新鋪設

老屋常見地板狀況

我們在鋪設地板之前,會先行評估地面條件與平整度,每種地板的施工條件都不同,如果沒有做過通盤的了解,直接鋪設可能會影響日後的產品壽命,在這裡列舉幾種常見的地板情境。在整理老屋地板翻新時的注意事項時,應該考慮以下幾點:

1. 地坪傾斜

老屋由於結構與建材問題,可能會出現地坪傾斜的情況。這可能導致地板不平,需要先了解傾斜的原因在進行調整或重建。

2. 原有磁磚空鼓

磁磚下方空間因為黏著不牢或水氣影響而形成空鼓,直接鋪設會影響地板的穩定性和壽命,如果只做局部剃除,震動也有可能產生連鎖反應,擴大拆除面積,且不保證日後未剔除的部分也有同樣問題,預算充分的情況下建議全室剔除。

3. 原有磁磚銜接高低差

磁磚之間可能存在高低差,這需要在翻新時進行平整處理,例如平鋪工法。

4. 異材質交界面高低差

不同材質的地板交界處可能會有高低差,需確認平整度無虞才能鋪設地板。

Hiro 的老屋課筆記
地板翻新前須檢查平整性、結構

在拆除舊有裝潢後，應該進行全面的地面評估，包括檢查地面的水平度和結構
穩定性，如果地面有嚴重的不平整問題，可能需要進行全室水泥整地。

常見地板種類

1. 木地板

絕大多數人會希望居家風格是溫暖舒適的類型，會選擇自然木頭的材質與紋路，因此木地板一
直是熱門的地板建材首選。木地板主要可以分為三種：海島型木地板、實木地板、超耐磨木地
板。

海島型實木地板

又稱為複合式木地板，是一種專門為了潮濕環境地區所研發的木地板，尤其是海島型國家，上
層為實木，下層為夾板，在不預留伸縮縫的情況下，解決熱脹冷縮會變形的問題。

優點	缺點
・穩定性高不易變形。 ・具有防潮防蟲特性，適合潮濕、靠山靠海、海 　島型地區。	・使用久了表皮易脫落，紋路逐漸模糊。 ・染過色的木地板容易褪色。

實木地板

由原料木頭製作，保有原始的木頭香氣及溫潤感，但易遇熱膨脹或是冷縮變形、防潮的能力較差，較適合乾燥地區。早期易受到蟲害影響，因應需求，有的品牌實木地板有防蟲防腐的效果。

優點	缺點
· 溫潤自然、觸感好。 · 使用年限長。	· 容易刮損、卡汙垢。

超耐磨木地板

超耐磨木地板是由木屑及合成纖維所組成的「高密度木纖維板」，經過特殊高壓處理，密度較高、質地紮實，表面使用美耐板印刷製成，防潮能力較弱，耐磨性高。

優點	缺點
・表面耐磨。 ・防焰防蟲。 ・清潔維護方便。 ・表面花樣款式選擇多。 ・抗潑水。 ・耐重、抗衝擊性佳。	・膨脹係數較高，可能會有浮動感。 ・無法完全防水。 ・防潮性介於海島型與實木之間。

📖 名詞小百科　　超耐磨木地板的轉數（Revolution）

是指地板表面在旋轉測試中所經歷的旋轉次數，通常用來評估地板的耐磨性能。具體的轉數要求可能會根據不同的標準或製造商而有所不同，這取決於地板的材料、結構和預期的使用壽命等因素。

一般來說，地板的耐磨性能越高，其所需的轉數也就越高。例如，AC4 級的地板通常需要比 AC3 級的地板經歷更多的旋轉次數。然而，具體的轉數要求應該參考相關的標準或製造商提供的技術規格表。

在選擇超耐磨木地板時，消費者可以參考地板的 AC 等級以及相應的轉數要求，以確保地板能夠滿足其預期的使用需求，並具有良好的耐久性和耐磨性。

名詞小百科　AC 耐磨等級

AC 指的是標準測試的耐磨等級，因為超耐磨木地板是從歐洲開始研發的，後來才出口到世界各地，而等級主要以 AC3、AC4、AC5 等，不管是歐洲進口或台灣製造的產品都會標識其耐磨等級。

歐標規定中的超耐磨地板又分為家用等級與商用等級，而台灣是依照 CNS-11367 標準測試，但若轉數超過 1 萬轉以上要送到 SGS 檢測，一般情況建議直接看 AC 等級判斷。

會依照其測試區分等級：
- AC1：適合很少使用的區域，小型客房、臥室。
- AC2：一般用途。
- AC3：輕度使用，適用於書房、較少人數的家庭。
- AC4：中度使用，適用於常出入區域、有小孩跟寵物，或是有輪椅使用者的家庭，客廳、餐廳、走道和辦公室等。
- AC5：重度使用需求，非常大量人流場所，適用於機場大廳、飯店或大型商場等極高流量的區域。

簡單來說，居家使用選擇 AC3 等級以上就可以了，而商用標準也都適合使用於家中，畢竟商業空間的使用率相對來說高出許多。

2. 石塑地板（SPC 地板）

石塑地板簡稱 SPC 地板，由石粉與 PVC 塑料混合製成，不容易凹陷，可耐撞擊，表面視覺感可仿實木地板，觸感偏硬冰冷，較接近石材，陽光常曬可能會產生邊緣變形等問題，建議加裝窗簾或是在窗戶貼上隔熱貼紙，減少太陽直射的狀況。

優點	缺點
・耐撞耐凹陷。 ・穩定度高。 ・防水。	・觸感冰冷。 ・遇水易滑。 ・怕西曬。

3. 塑膠地板（PVC 地板）

又稱為 PVC 地板，主成分為聚氯乙烯，質地輕、耐磨，但是不耐刮，若遭硬物碰撞容易損壞，也經常產生熱脹冷縮的問題，使用一段時間就會翹起、隆起甚至裂開。但施工快速、價格便宜，常使用於出租套房、租屋處。

優點	缺點
· 價格低。 · 顏色款式選擇多。 · 可 DIY 施作。	· 易熱脹冷縮、變形。 · 不耐刮不耐撞。 · 不適合太陽常照射區域。

各種類地板比較

	海島型地板	超耐磨地板	石塑地板	塑膠地板
耐磨程度	低	高	高	中
表面觸感	觸感溫潤	觸感溫潤	觸感偏硬但不冰冷	觸感冰冷
防水能力	防潑水	防潑水	完全防水	差
施工時間	普通	普通	卡扣型 SPC 地板，可自行 DIY	DIY 快速
適合空間	需要防潮的空間	半室內及室內空間	防水性能佳，廚房也可以使用，但浴室不建議	可以快速拆除，適合短期租屋

4. 磁磚地板

磁磚建材可依照前幾章提及的種類挑選於適合的區域鋪設，延伸的樣式百百種，常見有拋光石英磚、板岩磚等，在清潔上非常容易，但相較於其他種地板建材，施工期較長，成本也較貴。

各式地板材質比較

	拋光石英磚	超耐磨木地板	SPC 石塑地板	磁磚
單坪價格 （連工帶料）	約 NT.3,400 ～ 5,000 元	約 NT.2,700 ～ 8,000 元	約 NT.2,600 ～ 5,000 元	約 NT.4,500 ～ 10,000 元
耐磨度	不會刮傷	不易刮傷	不易刮傷	最佳不會刮傷
清潔	可濕拖	可濕拖但不能泡水	可濕拖	可濕拖
觸感	冰冷堅硬	舒適有彈性	溫潤而堅硬	冰冷堅硬
抗汙力	易吃色	不吃色	不吃色	不吃色
防潮	防潮不怕水	較易潮怕水，不適用浴室	防潮不怕水、遇水易滑，不適用浴室	防潮不怕水
防火	耐燃	僅表面耐燃	耐燃	不燃

木地板施工方式

了解完地板種類之後，我們需要對不同的地板施工工法、拼法以及地板種類有一定的掌握。工程中常見的施工工法，包括直鋪、平鋪和架高，以及常見的地板拼法，如人字拼和魚骨拼，都是可以選擇的方向。

1. 施工工法

· 直鋪

在原始地面直接鋪上表面材，各廠商品牌不同，可能會有防潮布、泡棉等其他建材。適用於地面水平度較好的案場。

· 平鋪

在原始地面上，會先鋪上防潮布與夾板之後，再鋪設表面材，因應需求，夾板厚度也會隨之改變，表面材可能鋪設海島型耐磨、實木或 SPC 等等，使用平鋪可以透過夾板，將地面盡可能順平。

Hiro 的工程課筆記

門片與地板務必要預留縫

門片於開闔時如果沒掌握尺寸的預留空間，是一件很可怕的事，了解預留縫的大小也是一個重要的細節，多了就漏光，少了就卡住，所以這個環節的把關與確認都要確實到位。

直鋪：地墊＋表面材厚度＋8mm（其中 2mm 為收邊條）
平鋪：夾板高度＋地墊高度＋表面材高度＋8mm（其中 2mm 為收邊條）

老屋很常碰到房屋傾斜的問題，因此＋8mm 是含收邊條的 2mm，再多預留的空間，確保門片可以完全打開，不會卡住。

· 架高

早期和室空間都會使用架高地板，透過增高地板高度，來展示此區域的獨特性，而內部還可以做收納使用，而且架高地板是唯一可以做到地面完全水平的工法，上述兩項都可能因為原始地面的斜度，微微傾斜。

一般樓高不夠高，不會建議使用架高地板，造型天花板加上架高地板雙層夾擊，居住感會明顯壓迫。現在比較多選擇使用架高地板，是因原始地面高低差太大，而透過角材做底部架高，再鋪設表面材，當然也有屋主是希望以和室風格呈現居家感。

Hiro 的工程課筆記

架高地板角料需控制在 30 公分間距

特別注意施作架高地板，管線配置會受到角料影響，一般角料會以 30 公分為間距，若管線集中於某個範圍，無法釘角材會使結構體完整度下降。

2. 地板拼法

- **橫鋪**：地板板塊與房間的長邊或寬邊平行。
- **縱鋪**：地板板塊與房間的長邊或寬邊垂直。
- **斜拼**：通常以空間 45 度斜對角為拼接基準線，是斜拼的特色；但實際角度和收邊做法要看場地及師傅習慣，特殊角度損料與工資會較高。
- **人字拼**：類似人字形狀的拼接效果，是歐洲傳統木地板鑲嵌拼花工法的一種，完工效果大氣又帶有古典風味，非常經典的地板拼法。
- **Chevron 拼法**：多數稱為魚骨拼，在日本被稱作矢羽根『箭頭羽毛』，其緣由來自它的箭羽形狀，地板板塊沿著一個固定的角度被切割成長方形，然後交錯鋪設在地面上，形成類似魚骨的拼接效果。
- **隨機拼接**：地板板塊按照隨機的方式鋪設，沒有特定的規律或模式，常用於創造一種現代和隨意的裝飾效果。

人字拼

人字拼

Point 9. 廚具工程

傳統灶台與廚具櫃往往面臨收納空間不足的問題，這不僅影響到廚房整體的整潔感，也限制了使用者在烹飪時的便利性。然而，現代廚具櫃的設計優勢明顯，它們注重實用性與美觀性的結合，提供更多的收納空間和靈活的配置選項，使得廚房工作更加順暢且高效。藉由現代化的設計，使用者可以更加方便地整理各種廚具和食材，同時也提高了廚房的實用價值和舒適性。

老屋翻新的廚具施作內容

· 更動廚具規格　　· 替換廚房電器設備、收納

抉擇開放 vs 封閉廚房

開放式廚房是開闊視野與增加互動的開放式空間，傳統的廚房會獨立隔出一間房，封閉且隱私，可避免油煙影響到其他空間，然而現代居住空間受限，且越來越多人較注重社交互動，因此透過開放式廚房的設計，涵蓋了開闊的空間感以及烹飪時與親朋好友交流的機會，這樣的設計深受歡迎。當然，妥善處理烹飪的油煙就會是開放式廚房設計的重點之一。

在翻新房子時，到底要選擇開放還是封閉的廚房形式呢？首先，應該要考量整體空間，坪數的大小、採光、通風，以及家庭成員的飲食、烹飪習慣。

適合選擇開放式廚房
· 坪數空間較小，想放大空間感。
· 輕食族，較常吃外食，叫外送。
· 喜歡社交，邀請親朋好友到家裡做客。

適合選擇封閉式廚房
· 風水考量上有開門見灶的問題。
· 注重隱私感。
· 討厭油煙味四散在家中。
· 大火快炒的重度需求。

開放式廚房優缺點

優點	缺點
· 擁有穿透整體空間的視覺感。 · 增加烹飪時交流互動的機會。 · 採光與通風性提升。 · 多功能性。	· 需考慮油煙味的因應方式。 · 缺乏隱私性。 · 需考量收納方式。

改善缺點的應對方式

· 增設玻璃拉門，阻隔油煙。

· 玻璃選用不透視的種類，保有隱私感。

· 增設中島與規劃電器櫃。

烹飪時的油煙味是最令人苦惱的，有效解決方式是增設玻璃拉門，在玻璃材質的選擇上，也可以保有隱私性，變身為半開放式廚房的設計。如果空間允許，廚具選用 L 型或是加上中島，在收納規劃以及備菜時會有更多彈性。

常見廚房型態－一字型 / L型 / ㄇ型 / 中島型

1. 一字型廚房

老屋與坪數較小的房屋常以一字型廚房為主軸設計，以水槽、工作區、爐台順勢連成一條線的設計動線，若水槽旁還有空間，可以放置冰箱，從備料到出菜一氣呵成。

因應排油煙機的排煙效果，通常會將爐檯配置於靠外側窗戶的方向，通風管線比較短，而如果真的擔心油煙逆流，可以在通風管裝設「逆止閥」，有效防止油煙或是外部的異味透過管線進入屋內。

2. L型廚房

設計概念是將廚房櫃檯和櫥櫃安裝在兩個相鄰的牆面上，形成一個 "L" 形。這樣的布局既能夠最大限度地利用空間，又能夠確保廚房內部的操作空間寬敞而不拘束。無論是小型的公寓還是寬敞的家庭廚房，L型廚房都能夠完美地融入其中，為家居提供一個理想的烹飪和聚會場所。

依照動線還會在 L 型廚具櫃的左右兩側安排冰箱與電器櫃，延伸成一系列的烹飪動線，空間足夠也可以在中間新增獨立中島，方便放置食材與輕食。

3. ㄇ型廚房

比 L 型多了一邊的使用空間，料理空間更大，動線配置也可以透過黃金三角的原則，將冰箱、水槽與爐台依照使用習慣規劃，讓整體使用性能更好更順暢。

4. 中島型廚房

在中間新增一個獨立的檯面，也就是中島，可以配合以上類型，通常會在中島配置其他需求，如 IH 爐、烤箱、電器櫃，依照使用情境、需求，將料理與備料區分開，彈性的設計風格讓居住者可以更好的利用空間料理。

廚具規劃三大方向

· 烹飪檯面區

烹飪檯面區的標準尺寸，在設計規劃時，會依照較常料理人的身高去做量身規劃，不過正常的情況下，以一字型廚房來做舉例：

1. 走道動線：至少 90～120 公分的空間距離，確保兩人錯身不會感到擁擠。

2. 廚具配置：
· 檯面長度：不超過 360 公分，全長 220～290 公分。
· 流理臺面高度：80～90 公分。
· 瓦斯爐（雙爐）寬度：最少約 70～75 公分。
· 水槽檯面寬度：內徑約 56～66 公分，內槽深度至少 18 公分，總長 65～75 公分。

3. 廚具高度：以身高為基準，一般高度大約在 80～85 公分。建議在選購時親身體驗，選擇不適當的高度可能導致腰部不適。

4. 廚房吊櫃：距離檯面約 70～75 公分，深度為 30～35 公分。若下廚者身型較矮小，可能需要調整吊櫃高度。

5. 排油煙機：位於瓦斯爐上方，為了安全考量，與檯面的距離約為 70～75 公分。

6. 冰箱：裝潢時需預留空間，特別注意不要阻礙冰箱開門。通常放置於水槽旁，以便洗菜後的動線。

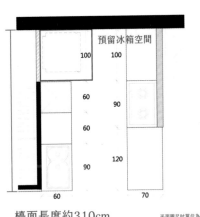

檯面長度約310cm　　平面圖尺寸單位為cm

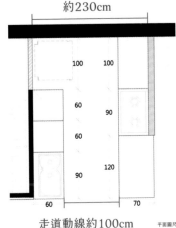

走道動線約100cm　　平面圖尺寸單位為cm

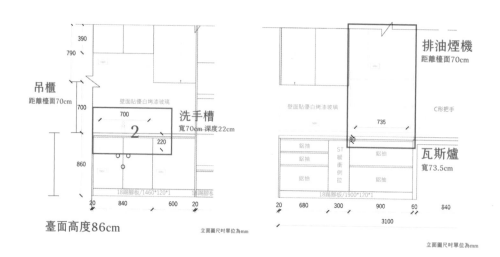

吊櫃
距離檯面70cm

壁面貼優白烤漆玻璃

700

220

洗手槽
寬70cm 深度22cm

臺面高度86cm

立面圖尺吋單位為mm

排油煙機
距離檯面70cm

壁面貼優白烤漆玻璃

C形把手

735

瓦斯爐
寬73.5cm

3100

立面圖尺吋單位為mm

檯面材質

料理的檯面需要注意耐用性、耐潮、耐熱等特性，為了確保料理時的便利性以及清潔維護，接著來看有哪些材質是現今較常使用，以及它們的優缺點分別是哪些吧！

人造石

由人造的樹脂材質加上粘合劑混合加工製成，因硬度低所以可塑性較高，為目前最常見的材質。

優點
・造型能力強，樣式也多元。
・不易髒汙，清潔較容易。
・接縫處較不明顯。

缺點
・餐具容易造成刮傷。
・容易吃色，修補需使用打磨。
・不耐高溫，不可直接擺放熱鍋。

石英石

由天然的石材製作，利用高溫與礦石粉溶接製作而成，過程中撒上石英粉將細孔填滿，所以非常耐熱，也不易吃色。

優點
・耐高溫，可直接擺放熱鍋。
・硬度高，不容易受損。
・不容易吃色好整理。

缺點
・價格較高。
・不易加工，無法做彎曲造型。
・損壞很難進行修復。

天然石

如大理石和花崗石，經過切割而成，常被用於製作流理檯。這種材料具有高硬度和耐高溫的特點，並帶有獨特的天然紋理。由於天然石的毛細孔結構，容易藏汙垢，且在溫度變化時容易產生熱脹冷縮而導致裂縫。因此，在清潔時應避免使用酸性強的清潔劑，並且要確保乾燥。

優點	缺點
・硬度高。 ・耐高溫。 ・自然的紋理。	・易藏汙。 ・熱漲冷縮易生裂縫。

美耐板

美耐板是由浸過特殊樹脂的牛皮紙和高級色紙層層推疊後,進行高溫加工而成的產品。其主要優點在於價格親民,且具有耐用和耐髒的特性。然而,美耐板也有其缺點,包括不耐水氣和容易膨脹的問題。因此,在清潔時應使用中性清潔劑,並確保其保持乾燥,以延長其使用壽命。

優點	缺點
· 價格便宜。 · 耐用耐髒。	· 不耐水氣。 · 易膨脹。

檯面材質比較

種類	價格	優點	缺點
人造石	中	性價比較高、可塑性強,手感好,維修方便。	易開裂、易吃色。
石英石	高	色彩豐富,不易開裂、不易刮花,拼接美觀、不助燃,無毒無輻射。	價格高,不易做造型。
天然石	高	質地堅硬,耐磨、美觀。	有毛細孔易吃色,不易做造型。

收納上下櫃

下櫃

下櫃深度通常以 60 公分為設計。

水槽下方抽盤－兩小一大

一小：可能擺刀叉、餐具等。
一小：塑膠袋、收納袋、保鮮膜。
一大：較有高度的調味瓶，醬油等。

調味料收納架－常規約 20 公分左右

可以設置於爐檯附近，以便料理時所
需，也有人因應高度，將其規劃於爐檯
之上。

爐檯下方抽拉籃

通常會做雙層，上層可以放置碗盤、中型鍋具，下層放較重較大型的鍋具。若預算較不足，可以選擇固定式層板。

轉角小怪物

在 L 型櫥櫃的轉角處，為了能讓深處更好的利用，方便屋主拿取，因此安裝特殊五金俗稱「小怪物」，開啟門片時，內部的層架拉籃也可以輕鬆的拉出，也有多種款式，如半圓式的轉角五金，都是可以讓收納與取物更加方便的設計。

・電器櫃區域

常用電器微波爐、電鍋、烤箱通常不超過 40 公分，一般電器櫃體的深度 60 公分，抽盤深度至少會在 45 公分以上，在後方預留空間，避免電器無法正常散熱，因應各種電器會做調整。

排油煙機

通常在挑選排油煙機時，會以需求、尺寸、材質、性能與外觀做挑選，排油煙機尺寸通常 80～90 公分寬就已經足夠，大部分爐檯的寬度是 75 公分左右，也有較寬較窄的尺寸，依照廚房的大小來做規劃。

而排油煙機為了清潔方便，常以不鏽鋼與烤漆做為主要材質，有些會是玻璃材質，表面的油汙都可以很輕鬆地擦拭乾淨、好保養，而烤漆需要注意，清潔劑要選擇中性才不會破壞到烤漆。

市面上有非常多類型的排油煙機，我們以導流板式與傳統油網式做比較，傳統油網式的排油煙機的特點是，可以很好的阻擋油煙，吸力較集中，不過因為設計關係容易卡油，如果沒有定時清潔，很容易影響吸力；而導流板式可以四個方向進氣，可以排除較寬敞區域的油煙。

性能挑選上可以參考各家廠牌的產品性能表，以排風量與馬達為優先篩選的話，在性能表中的 RPM 也就是每分鐘的迴轉數，RPM 數值越高代表吸力越強，而馬達以 AC 與 DC 馬達做選擇，DC 會比 AC 來的更加省電，整體的噪音也較小，風速設定的選擇較多、排煙的效果也較好。

外觀的類型大概可以分成倒 T 型、隱藏式、深罩式、近吸式與頂測雙吸式，依照不同外觀會影響整體的攏煙效果，而現在很多開放式、半開放式的廚房設計，許多屋主會擔心油煙問題，如果烹飪時開啟窗戶，反而會讓空氣更快速的將油煙擴散至整個空間，因此將門窗關閉，使空間產生一個負壓，再開啟排油煙機時，可以更容易讓油煙排出。

瓦斯爐

瓦斯爐是最常見的爐具，以天然氣或桶裝瓦斯做為燃料，基本上不會挑選鍋具，喜歡大火快炒或是烹飪的家庭，非常適合以瓦斯爐。但缺點就是室內溫度容易升高，清潔維護需要仔細處理細節，以及使用不當可能造成氣爆危險，因此建議 1～2 年定期檢修爐具。

IH 爐

IH 爐是電磁爐的一種，"IH" 指的是 Induction（誘導）和 Heating（加熱），加熱方式是電磁感應加熱，直接讓鍋子發熱，使用上沒有明火，所以安全性較高。

優點	缺點
· **加熱效率高**：熱能直接集中在鍋子上，不像瓦斯爐會有熱能散失，因此加熱速度快，使用時不易感到過熱。 · **高安全性**：電磁爐的加熱原理是讓鍋子發熱，而非爐面，使得爐面和周圍溫度較低，減少燙傷的風險。 · **清潔方便**：由於電磁爐不會產生餘溫，關閉後即可立即清潔，操作簡單又迅速。 · **節能省電**：與即將介紹的電陶爐相比，電磁爐直接將熱能傳輸到鍋體，效率較高，能源消耗較低。	· **鍋具限制**：由於電磁爐的加熱原理是依賴電磁感應，並非所有鍋具都適用。一般而言，金屬製的鍋具可以使用，其中以鐵製鍋具如鐵鍋和不銹鋼鍋最為合適。在選購鍋具前，使用者必須詳細閱讀產品說明書以確認鍋具的適用性。 · **鍋具選擇需要注意**：一個實用的選鍋小秘訣是帶著一小塊磁鐵，若磁鐵能夠吸附在鍋具底部，則該鍋具是可用的。

儘管鍋具有所限制，但烹飪方式並不受影響，只要選擇合適的鍋具，如煎、炒、燒烤等烹飪方式均可輕鬆進行。

電陶爐（又稱黑晶爐）

電陶爐主要使用鎳鉻金屬發熱體或鹵素燈管進行自體發熱，讓熱度導至鍋具。由於其溫度可達到最高 800 度，使用時需特別小心，以避免誤觸造成燙傷。

優點	缺點
· **保溫性佳**：長時間加熱後能維持穩定火力，優於電磁爐。 · **鍋具使用不受限制**：能夠適應任何材質的鍋具，建議使用鍋底面積較大的鍋具以達到均勻加熱效果。	· **加熱速度較慢**：加熱速度排序為電磁爐＞瓦斯爐＞電陶爐。 · **耗電較多**：電陶爐使用電壓為 220V，建議避免使用延長線，並需注意電線是否過熱或老舊。基於安全考量，建議使用專用廚房插座或直接從電箱拉專用線。 · **安全性較低**：由於爐面溫度高，容易導致燙傷。使用時應特別小心，且應避免讓孩子接近。使用完畢後，建議將鍋具暫放在爐面上以防觸碰。 · **清潔不易**：爐面溫度需降至安全溫度後才能擦拭，且在加熱過程中若有食材滴落至爐面，清潔較為困難。

總結，電陶爐優點包括保溫性佳和鍋具使用不受限制，但加熱速度慢、較高的耗電量、安全性較低以及清潔困難。在使用電陶爐時，必須特別注意安全，並根據實際需求選擇適當的烹飪工具。

排風中繼馬達－使用原因／配置方式

廚房配置的位置離室外排風口有一定的距離時，通風管會拉的較長，這時候有可能會產生排風較緩慢的情形，因此可以再中間或是靠近排風口的區域加裝馬達，可以更有效的加速排風。

Point 10.空調工程

隨著環境影響，四季都有可能會有開冷氣的需求，尤其是夏天的溫度可能動輒 30 度以上，早期的空調較多採用窗型的，除了效率低以外還特別費電，現在已經改良出分離式以及變頻的選擇，不過根據使用習慣、不同空間大小、使用時間與西曬等情況，還是會影響冷氣的耗能。

老屋翻新的空調施作內容

· 更換空調設備　· 預留冷媒銅管路線　· 暖風機

空調種類介紹

1. 窗型冷氣

基本上以現在的居家需求，窗型冷氣已經不被考慮，比較有可能選擇安裝的，通常是出租套房，因為價格相對便宜。目前也有變頻的窗型冷氣可以選擇，不過相較於分離式的選擇較少。

優點
· 安裝、維修、清潔方便。
· 安裝快速。
· 故障率較低。
· 產生發霉意味的機率較低。

缺點
· 需要預留相同尺寸的對外窗。
· 噪音較大。
· 定頻較耗電。
· 可能有小動物會來光顧。

2. 分離式冷氣（壁掛／吊隱）

分離式就是把送風與散熱分開，也就是室內機（送風）與室外機（散熱），另外因應安裝方式又分為壁掛與吊隱式，壁掛式冷氣是現在的主流，款式與功能非常多種選擇。

優點	缺點
· 壓縮機安置在室外，降低噪音。	· 成本較窗型冷氣高。
· 熱度完全排外，不影響室內溫度。	· 安裝較複雜。
· 透過設計讓整體視覺美觀。	· 保養維修成本較高。

📖 名詞小百科　　分離式冷氣

一對一分離式冷氣

一對一指的是一台室外機連結一台室內機，冷房效果很好可是需要考量空間問題，以三房兩廳的格局做規劃，可能有 4～5 台的壁掛空調需求，每一台都需要做到一對一，室外的空間一定得夠多，而且也需要付出較多的安裝費用，不過如果室外機故障，其他冷氣一樣可以照常運作。

一對多分離式冷氣

一對多是一台室外機連結多台室內機，是節省空間的方式，但室外機故障的話，連結的室內機都會無法使用。

3. 壁掛式冷氣

主要安裝於室內牆壁上,是目前最常見的家用空調,依照各家廠牌有不同的功能,管線與位置透過設計安排,增加整體空間的視覺美感。

優點	缺點
· 散熱風扇與壓縮機放置室外,噪音較小。 · 市場主流,較多選擇。 · 變頻省電。	· 成本比窗型冷氣高。 · 考慮室外機擺放空間。

名詞小百科　　變頻

指的是室內溫度達到指定溫度,空調還是會以低頻的模式運轉,維持設定溫度,不會產生壓縮機停止運作的情況,因此相較於定頻的時開時關來的省電。

施工注意

1. 須預留冷媒銅管路線

在水電工程時,可能就會先請空調師傅到場確認銅管路線與冷氣位置,因應不同的情況與設計師討論調整。

2. 冷媒銅管注意事項

· 注意不能出現 90 度彎折的情況,因為是銅管,壓折到破掉就會造成冷氣不冷。
· 管線轉折越少,冷媒效益越好。
· 室內機與室外機距離,一般不建議超過 10 公尺。
· 管子外包覆泡棉或是修飾蓋板,防止冷凝現象使木作修飾潮濕等問題。

3. 室內機壁面需有排水孔。
4. 排水管位置須留意,確保冷凝水不會造成其他影響。
5. 室內機與室外機相隔距離 10 公尺以內。
6. 室內機與天花板間隔 10 公分以上(迴風高度)。
7. 室內機下方盡量不要做固定家具,確保清潔與維修順利。
8. 室外機需安裝於通風良好處,以免散熱不良故障。

左／冷氣盒 冷氣放置位置 上方預留迴風高度。**右**／冷氣排水。

4. 吊隱式冷氣

通常安裝於天花板之上，會透過木作或是輕鋼架天花隱藏起來，而送風是透過風管配置到各空間，透過設計安排，吊隱式冷氣的風量均勻，較不會產生冷熱不均的問題，但要提醒的是吊隱式冷氣屋高最好要有 280 公分以上，且因為設備安裝費用較高，適合預算較充裕的屋主。

優點	缺點
· 把機器藏於天花板內，較美觀。 · 配合通風管可以妥善規劃送風與排風路徑。	· 需要預留天花板空間。 · 成本很高。

施工注意

1. 安裝風管與風箱會降低天花板高度約 30 ～ 40 公分，一般地面到天花板高度盡量在 280 公分以上較不壓迫，因此樓高若沒有高於 280 公分以上，要裝吊隱式的話，需要仔細考慮清楚後續居住的感受。
2. 維修孔也需要特別預留，日後機器故障，師傅方便維修與清潔。

主動式通風

人需要新鮮空氣，保持良好的健康的生活品質，因此房子也需要呼吸，良好的通風設計是裝修上的重要環節，通風大致分為自然通風與主動式通風，自然的空氣流動，因為壓力不同產生空氣流動，而主動式通風則是利用換氣設備如抽風機、全熱交換器等不同機械設備，達到室內外空氣交換的通風，而設計時的通風路徑，是主動式通風的關鍵，加上目前環境的空汙問題也很嚴重，抑或是屋內的甲醛、TVOC 等等也會影響健康，加裝清淨設備也是越來越多人納入考量的環節。

1. 暖風機

衛浴翻新必備設備，能夠快速提供溫暖的空氣，讓人在寒冷的天氣中不會皮皮剉，開啟後的幾分鐘內提供溫暖，迅速感受到室內溫度的上升。浴室暖風機通常具有暖氣、涼風、乾燥、換氣等功能，不僅在冬天保持溫暖，還在夏天提供涼風，並在潮濕的雨季保持浴室乾燥。然而，在使用安全上要注意，搭配專用迴路，因為暖風機的功率較高，盡量不與其他電器共用，避免產生跳電、走火的情況，所以安裝前要確認暖風機的規格需要預留 110V 還是 220V 的電壓。

通常裝設暖風機的位置會在馬桶洗手台附近，避免淋浴的水蒸氣直接接觸，而因為水氣的關係，自動斷電的裝置也是必要的，一旦發生漏電、機器過熱等問題，漏電斷路器會馬上啟動，以免發生危險。

清潔與維護
1. 定期清理風扇和風口，去除積累的塵埃和汙垢。
2. 檢查過濾網，如有堵塞應及時清洗或更換。
3. 使用專用的濕布清潔機身，避免使用含有酒精或腐蝕性的清潔劑。

2. 全熱交換機

全熱交換機能將新鮮空氣引進室內，同時將室內污濁空氣排到室外，以改善室內空氣品質。此外，全熱交換機還能在兩股氣流之間進行能源交換，降低引進室外空氣對空調設備的負擔，達到節能省電的效果，引進的空氣也會經過過濾，不僅降低空調設備的負擔，更能達到省電的效果，設計階段會配置風管，細部設計進風與排風口。

室外配置示意。

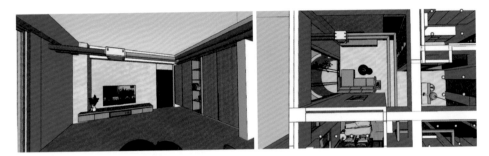

暖風機與管線配置進風與排風設計規劃圖。

施工注意

因為機器是裝設於天花板上，所以機體所在位置整體高度會下降 35 ～ 40 公分，管道區則是會下降 10 ～ 15 公分左右，因此原始樓高若是不夠高，不建議安裝，避免造成居住時的壓迫困擾，又或者是選擇壁掛或是窗型的形式，但美觀性就沒辦法兼顧。

3. 全戶除濕系統

潮濕是一個不可抗力的困擾，除了空調維持室內溫度以外，除濕機也需要空間擺放，常常看到身邊的朋友，家裡有三四台除濕機同時作業但就會很佔空間，新型全戶除濕機是一種用於調節室內濕度的設備，特別適用於潮濕的氣候。它可以有效地降低室內濕度，防止潮濕、發霉和蟲害。與全熱交換機相比，全戶除濕機更專注於除濕功能，而全熱交換機則用於保持新鮮的空氣狀態。通常會搭配使用這兩種設備，以確保室內空氣品質和乾濕度保持在最佳狀態。但也有著同全戶交換的管線問題，就是樓板高度與需要繞梁，樓板高度不足的狀況不建議安裝。

早期沒有配置排風系統，較潮溼的區域會產生發霉等影響健康的問題。

Point 11. 收納工程

在這個注重生活品質的時代,「斷捨離」和「簡單生活」已成為許多人追求的生活方式。儘管我們努力地精簡物品,但生活中的收納需求卻似乎永遠不會減少。當空間感覺狹窄,或者當你對家中的東西有更好的收納想法時,添購適合的收納家具便成了解決之道。面對各式各樣的收納方式,我們該如何做出選擇呢?

是否選擇現成的家具?或者請木工特製?抑或是選擇系統櫃?每種選擇都有其獨特的優缺點,接下來,我們將深入探討這三種不同的收納選擇,系統櫃、木作櫃和現成家具的特點及其適用場景,在選購時能有更清晰的方向和決策依據,幫助你找到最適合自己的解決方案。

老屋翻新的木作施作內容

· 鞋櫃　· 電視櫃　· 展示櫃　· 衣櫃　· 書櫃　· 浴櫃

系統櫃／木作櫃／現成家具

1. 系統櫃

大部分人會對系統櫃的尺寸有疑慮,其實現在的系統櫃廠商,自己有工廠的話,是可以完全依據空間大小、形狀,量身訂做櫃體,對於畸零空間也可以達到,但是廠商的尺寸丈量就需要特別仔細。

系統櫃主要是在工廠施作好對應尺寸的板材,再加以組裝,因此工地幾乎不會有粉塵,若只是局部想要增加收納,沒有需要全室翻新,選擇系統櫃的方式是很適合的。板材類型比較常見的有「塑合板」與「密集板」,通常間距不要超過 40 公分,如果還是有載重疑慮,其實也可以選擇較厚的板材,加上背板增加結構支撐。

優點	缺點
· 尺寸可以完全訂做。 · 在工廠先裁切、封邊,最後才到現場組裝,所以工期比較快。 · 現場粉塵少,適合已經入住的空間加裝櫃體。 · 多種顏色、風格可供選擇。 · 搬家可以拆走。	· 板材耐重有限,寬度不宜過寬。 · 系統櫃的價格比活動家具貴(甚至不見得比木工訂做便宜)。

2. 木作櫃

尺寸、造型完全客製，很多獨特的線條、圓弧設計，都是透過木工師傅的巧手所呈現出來的，相對於系統櫃，木作才能夠精準的做到尺寸微調，板材大多使用木心板。

優點	缺點
· 尺寸、造型全部量身打造。 · 常見的板材是「木心板」，比系統櫃常用的「塑合板」耐用。 · 可挑環保、安全認證的板材。 · 可搭配現成家具混搭訂做。	· 施作價格高，且需有木工進場，如果現場無其他木作工程，只做櫃體的話，價格會更高。 · 現場裁切，粉塵多。 · 須慎選師傅，掌握施工品質。

3. 現成家具

固定的系統家具無法隨意改變位置,因此再考量活動性需求的收納時,可以選擇現成家具。

優點	缺點
・快、方便。 ・搬家的話可以帶走。 ・價格相對便宜。	・沒有辦法直接頂天立地,做到滿,所以收納空間還是沒有辦法充分利用。 ・如果空間比較小,或是收納的空間比較畸零,用現成的「活動家具」可能放不下去。 ・老屋地板與牆面有時會有傾斜問題,即使確認了尺寸,還是有可能發生無法貼合地面與牆面的問題,長久下來可能導致變形縮短產品壽命。

系統櫃／木作櫃／現成家具比較

	木作櫃	系統櫃	現成櫃
便利性	需於現場製作,包括裁切油漆或貼皮,施工期較長,1至3週不等。	在工廠完成貼皮,至裝潢現場組裝,組裝時間,依櫃體數量組裝,工期約1～3天。	若有存貨,可迅速取得,購回後僅需搬運或簡單組裝即可。
安全性	甲醛釋放量較難評估。	甲醛含量普遍較低。	甲醛含量不一定,有些可能會有甲醛含量過高的問題。
穩固性／移動性	櫃體大多固定釘死,換屋時難帶走。	固定於牆面,不必擔心倒塌風險,若空間合用,多數可拆卸搬遷。	多為可活動式,不如前兩者穩固,但也具有彈性移動的優勢。
造型變化	可依需求量身打造、不受限。	變化上有其限制,例如較難做到複雜的圓弧造型。	取決於家具品牌設計師,若樣式挑選不當易造成空間視覺凌亂。

除甲醛專題影片

玄關區－鞋櫃／衣帽櫃

通常玄關區域會配置的兩大收納就是鞋櫃與衣帽櫃，鞋櫃可以搭配鏤空的設計，將鑰匙與錢包等物品放置在這個地方，出入時隨手拿取很方便，另外衣帽櫃通常會擺放常穿外出的外套，也有可能將掃地機器人或機器人的家，與衣帽櫃體銜接，只是要注意掃地機器人的型號，是否需要預留插座與管線。

客廳區－電視櫃／展示櫃／臥榻

電視櫃

依照各個家中的設備需求，設定電視櫃的收納數量，不過近代機身都越來越小，通常預留一格25 公分左右的空格就很實用了，而懸浮式的電視櫃下方也可以方便清潔，如果家中有使用掃地機器人，電視櫃離地面的高度也需要留意，一般離地 20 公分就很足夠，而下櫃通常會建議以抽屜式的設計，上櫃以門片的方式收納。

展示櫃

依照屋主的喜好做量身規劃，每個人多多少少會有收藏品，例如：公仔、酒類、書籍等，想要展示再公共區域時，可以玻璃門片的收納櫃做設計。臥榻以上掀式或抽屜型的方式，即可做收納使用。

臥室區

衣櫃的深度以門片衣櫃來說通常需要 60 公分，門片開啟需預留 70 公分以上的距離，方便打開衣櫃，若旋轉半徑真的不足，也可以使用滑門設計，內部櫃體以有排孔的設計，可以自行調整寬度，彈性較高。而開放式的衣櫃要有 50～55 公分左右，而若是換季衣物也需要放置進去，寬度預留 120 公分的大小較適合，當然依照每個人的衣物量會做調整。另外，抽屜拉籃可以放置可折疊的小型衣物，襪子、內褲等。

開放式衣櫃

若是家中的空間較擁擠，以開放式的收納做規劃可以有效降低壓迫感，但在這之前，需要注意以下幾點狀況！

1. 因為沒有門片，衣物較容易沾染灰塵，換季衣物或是少穿的可以搭配收納籃、防塵箱。
2. 若沒有定期整理容易凌亂，因此妥善養成收納習慣、定期清潔，而若是想要維持私密性，也可以採用半開放的不透視玻璃門片。
3. 若是西曬面、陽光直射面易造成衣物受損。
4. 承重也需要加強，除了後方固定的牆面，吊衣桿也是關鍵，以免厚重衣服導致變形或倒塌。

書房區

書桌的長度以 90 公分以上會較適合，深度標準為 60 公分，若深度太淺，有放置電腦螢幕的需求會放不下，或者是很擁擠，使用起來很不方便，一般高度會在 75 公分左右，而座椅離地面通常會是 45 公分，書桌的中間預留大約 30 公分的寬度，才不會卡住腳，當然也可以選擇升降桌、升降椅自由調整高低。

書櫃的收納如果長寬較長，可以結合其他收藏品做出不同的風格，比較不會死板，不論是系統櫃、木作或是選擇現成家具，層板長度以能承重的板材，而高度因應不同書籍的需求設置，32公分以上，可以放置 A4 大小的書籍，若有特別大本的書也要提早預留空位，或是選擇可調整高度的層板設計，而書櫃深度通常都再 35 ～ 40 公分（含門片）。

走道動線

書櫃若是設置再書桌後方，盡可能預留 120 公分的距離，足夠的空間可以移動。

餐廳／廚房區

通常餐廚櫃下方的深度會以 60 公分為主，而上櫃怕頭部容易撞到，會落在 28 ～ 35 公分，也可以採用層板的設計，只是要注意容易積灰塵，而且建議加裝防止掉落的架子，避免地震時上方的瓶罐掉落。

近幾年的廚具規劃，已經慢慢切割出獨立廠商，來做客製規劃，嵌入式的廚具設計，也需要再規劃前預先設定好所有電器設備，設計師才能夠以其尺寸去做安排。

浴室區

通常老屋翻新的客人，浴室以 1 坪大小左右為最大宗，通常收納是非常少的，除了面盆下方的櫃體收納，上方的鏡子也可以選擇有門片的鏡櫃，可以放置隱形眼鏡或者眼藥水等小型的瓶裝。

高櫃收納

一般來說會建議高度設定在 240 ～ 260 公分左右，不是不能在往上做，而是超過這個高度，比較不方便拿取上方的物品，可能就需要準備梯子或椅子，因此也會建議 200 公分以上的收納，放置換季衣物或長時間不會使用的東西為主。

PLUS 1 | 透天翻新與公寓的不同之處

透天厝擁有比一般住家更大的空間,可變動與修繕的項目與條件也更多,像是一般住家常見的公設,如樓梯、外牆、頂樓都是透天翻新可以調整的內容,我們列舉了常見翻新的需求,當然,居住的空間增加也會拉抬不少預算,所以了解到可能需要翻新的項目並給予最合適的安排,才能分配預算於最需要以及迫切改善的地方。

電動捲門的淘汰更新

老舊的鐵門經常發出嘎嘎的聲響,一般民眾較少會去注重保養日期與使用年限,一晃眼可能就一、二十年過去了,我們細數了可能會遇見的問題,以及現行最新的電捲門產品給大家做個比較,看你的家適合哪種類型的電捲門。另外,在選擇捲門時,應考慮到使用需求、安全性、維修成本和耐用性,定期維護和保養也是確保捲門正常運作的關鍵。

老舊鐵捲門可能會遇到的問題:

1. 生鏽:由於長時間暴露在外,鐵捲門可能會生鏽,尤其是在潮濕的環境中。
2. 噪音:鐵捲門的運作可能會因為機械部分老化或缺乏潤滑而產生噪音。
3. 開關困難:鐵捲門的升降機制可能因為老化或損壞而導致開關困難。
4. 安全問題:老舊鐵捲門可能缺乏現代捲門所具備的安全裝置,如防壓裝置或紅外線感應器,這可能導致使用時的安全風險。
5. 結構問題:鐵捲門可能會因為結構問題,如凹陷或扭曲,而影響其正常運作。

傳統捲門 VS 快速捲門比較

	快速捲門	傳統捲門
速度	快速捲門開閉速度快,升降速度達 15～20 公分/秒。	升降速度較慢,約 8～10 公分/秒。
安全性	具有防壓裝置,遇到阻力會自動停止或反彈。	較低,重量重,不慎容易壓傷。
外觀	材質容易上色,視覺美觀時尚。	無法選擇顏色,外觀較為傳統。
防噪效果	門片兩旁設有消音織帶,減少摩擦噪音。	可能因摩擦產生較大噪音。
價格	由於多項優點,價格相對較高,也需要經常維修保養。	維修成本較低,價格相對便宜。

1F 孝親房與無障礙衛浴的空間規劃

台灣高齡化趨勢日益增長，許多屋主在考量家中長輩的照護，有能力的狀況下都會想賣掉須爬高的公寓，換到電梯大樓與一樓公寓，來確保長輩行動便利與防止意外，而透天與一樓公寓若是家中有長輩，在現今的裝修規劃，就可能會安排孝親房與無障礙衛浴在一樓的空間，不傷膝蓋之外，輪椅使用方便，看的見也比較放心。

無障礙空間設計專業指南

在進行無障礙空間設計時，考慮到長輩或行動不便者的需求是關鍵。這要求設計師在規劃時，細緻考量每一個細節，從門檻的高度到扶手的安裝位置，每一項設計都應提供最大的安全與舒適。以下是無障礙空間設計的關鍵要點，以及如何實現這些要求的具體建議。

關鍵 1. 扶手設計

安裝位置：扶手應安裝在長輩活動頻繁的地方，如衛浴間、樓梯旁，以及進出門口等區域。

形狀與尺寸：扶手推薦使用圓形或橢圓形，直徑約 2.8 至 4 公分，以便於抓握。若選擇其他形狀，外緣周長應在 9 至 13 公分之間。

距牆面間隔：扶手與牆面之間應保持 3 至 5 公分的間隔，以便於手部握住。

關鍵 2. 走道與空間規劃

走道寬度：保持走道寬度在 80 至 120 公分之間，以便於行動。對於輪椅使用者，廁所和盥洗室的迴轉直徑理想為 150 公分。

床鋪擺放：考慮到空間動線，單人床建議一側靠牆，以留出足夠的走道空間。

關鍵 3. 電動床配置

預留插座：在床頭預留電源插座，方便電動床的電源供應。

房門尺寸：加大房門尺寸，保證電動床能夠方便進出。

房間空間：確保房間內留有足夠空間，讓電動床可以自由旋轉。

關鍵 4. 安全無障礙衛浴設計

門寬與門檻：衛浴門寬應不低於 80 公分，門檻應設計為無門檻或超低門檻，以便輪椅進出。

淋浴區設計：淋浴區應裝配手持式花灑並可調節高度，並考慮設置無障礙淋浴座椅。

洗手台設計：洗手台下方應留足夠空間，高度適中，以方便輪椅用戶使用。

地面材料：選用防滑性能良好的地面材料，如防滑磁磚，並考慮在濕滑區域安裝地面排水系統，保持地面乾燥，以提高安全性。

關鍵 5. 圍繞安全的相關設計

照明設計：確保室內光線充足，特別是在閱讀和走動的區域，以避免跌倒和碰撞事故。

警報和通訊系統：考慮安裝易於使用的警報和通訊設備，特別是在衛浴空間和臥室，以便在緊急情況下快速求助。

地面和牆面顏色對比：使用不同顏色的地面和牆面材料，以提高視覺對比，幫助視力不佳的人更好地識別空間界限。

門把手和開關設計：選擇易於操作的門把手和開關，避免使用需要大力旋轉或推拉的款式。

加壓馬達提升水壓和水量

加壓泵浦，通常簡稱為加壓馬達，其主要功能是利用空氣壓力來提升水塔頂部的水壓和水量，然後將水從上方分配到建築物的各個樓層或特定區域。它就像是水系統中的超級英雄，給予水流必要的推力，讓它能夠飛得更高、流得更遠。隨著建築物的高度日益攀升，水壓的力度往往不足以維持流量和流暢度，為了解決這一問題，通常會在水塔底部出水口後方的水表處安裝加壓馬達。這些馬達的設計，可以根據建築物的高度和住戶具體需求進行加裝，實現全棟或分層加壓，通過安裝適當的加壓馬達和主幹管，可以有效提升每層的水流量，確保供水的穩定性。

四種加壓馬達類型

1. 傳統機械式加壓馬達：
這種馬達就像是老派的硬漢，靠著肌肉（也就是機械力）來工作。經濟實惠，但缺點是運轉聲較大而且容易生鏽。

適用：低樓層的住宅，如獨棟別墅或透天厝。
經濟型公寓，特別是在噪音不是主要考量的情況下。

2. 電子恆壓式加壓馬達：

運轉聲音安靜且穩定，確保水壓可以在一定的水準上。

適用：高樓層公寓大樓，需要安靜且穩定水壓的環境。
中型住宅社區，尤其是當家庭成員多，同時使用水的情況較多時。

3. 變頻恆壓式加壓馬達：

依照使用的水量調整水壓，因此可以達到省電，通常使用於大型場所。

適用：大型住宅社區或高層公寓，需要根據用水量調整水壓的場所。
商業建築物，如酒店或辦公大樓，這些地方通常有較大的用水需求。

4. 熱水器加壓馬達：

可以解決洗澡時，水壓不足導致水流太小、忽冷忽熱的問題。

適用：熱水需求較高的家庭，如有多個浴室或熱水使用頻繁的家庭。

Hiro 的老屋課筆記

選加壓馬達還得考慮缺點和適用範圍

如果你住在一個不太高的樓層，那麼一個傳統機械式加壓馬達可能就足夠了。但如果你住在一個高層公寓，那麼一個變頻恆壓式加壓馬達可能更適合你。

安裝加壓馬達時，你得確保一切都按照規定來。你不想因為安裝不當而讓你的家變成游泳池，對吧？所以，找一個專業的安裝團隊來幫忙是很重要的。他們會知道如何選擇最適合你家的加壓馬達，確保一切都安全無虞。

最後，別忘了加壓馬達的安裝和維護也是有成本的。價格會根據品牌、型號和安裝的複雜程度而有所不同。但別擔心，投資在一個好的加壓馬達上，長遠來看是值得的。

水壓與加壓馬達常見 Q&A

Q	A
加壓馬達可以用來幫忙抽水塔嗎？	絕對可以！加壓馬達就是設計來幫助提升水壓的，特別是在水塔水壓不足時，它能夠確保水能夠有效地送達到更高的樓層。
住在透天需要安裝加壓馬達嗎？	如果你發現水壓不夠，那麼安裝加壓馬達就有必要。它可以幫助確保每個樓層都能獲得足夠的水壓，讓生活更加舒適。
加壓馬達要如何挑選、安裝呢？	挑選和安裝加壓馬達是一門技術活。建議你諮詢專業的安裝公司，他們會根據你的居住環境和需求，提供專業的建議和服務。
請問洗澡洗到一半就水熱水忽冷忽熱，跟水壓有關係嗎？	當你在洗澡時遇到水溫不穩定的問題，這通常是由於水壓不均導致的。例如，當你正在享受恰到好處的溫水沐浴時，家中的其他地方如廚房可能同時在使用熱水，這會導致熱水源被分流，從而降低了浴室的熱水壓力。為了解決這個問題，你可以考慮在熱水器旁安裝一台專為家庭使用設計的小型低噪音加壓馬達，這樣可以有效地穩定水壓，確保沐浴時水溫恆定。

拉皮工程

進行老舊透天翻新時，拉皮工程不僅能夠顯著提升建築物的外觀，還有助於提高其結構穩定性與能源效率。以下將對拉皮工法的選擇、材料種類及其優缺點，以及施工工序進行更詳細的探討，特別強調隔熱材料的重要性與選擇。

拉皮工法的選擇與材料種類

1. 磁磚鋪貼

磁磚鋪貼不僅適用於室內空間，特定的外牆磁磚也能用於外牆裝飾，提供豐富的色彩和圖案，適合打造個性化外觀。

優點：磁磚具有良好的耐水性和耐久性，維護容易，清潔方便。選用高品質磁磚可有效抵抗風吹日曬和雨水侵蝕。

缺點：磁磚鋪貼需要較為精細的施工技術，以確保貼面平整、牢固。且重量相對較重，需要確保牆體結構能承受。

注意事項：選擇適用於外牆的磁磚，價格因磁磚款式與貼覆方式而定。

2. 抿石子工法

是一種傳統且具有裝飾效果的外牆處理方式，通過在水泥中摻入彩色石子，創造獨特的外觀質感。

優點：抿石子表面具有獨特的自然質感和色彩，且隨著時間的推移，其外觀會顯現出更多的自然風化美感。此工法還具有良好的耐候性和壽命長的特點。

缺點：抿石子工法施工較為複雜，需要高技能的工人執行，以達到均勻和美觀的效果。維護時可能需要專業的清潔和保養方法。

注意事項：施工過程中需確保石子分布均勻，避免局部色差或堆積，影響最終的視覺效果。

3. 噴石工法

噴石工法是一種建築裝飾技術，通過使用專門的噴塗設備將仿石材塗料噴塗在建築表面，達到仿真石材效果。這種工法廣泛應用於外牆裝飾，能夠模擬各種天然石材的質感和外觀。

優點：提供自然石材的質感和色澤，成本低於真實石材，維護簡單。

缺點：氣候條件對施工影響大，需選擇適宜天氣進行。

施工流程：

- 表面準備：清理牆面，去除鬆散塗層和灰塵，確保表面乾淨、干燥。
- 基層處理：對牆面進行基層處理，增強噴石塗層的附著力。
- 噴石施工：使用專用噴塗設備將預調的石英砂和塗料混合物均勻噴塗於牆面。
- 固化期：噴塗後需要一定時間固化，期間需保持牆面乾燥。

注意事項：選擇高質量的噴石材料，以確保效果和持久性，價格因施做層數而定。

4. 外牆耐候塗料工法

外牆塗料適用於各種建築物的外牆，包括住宅、商業建築、工業廠房等。特別適合需要長期暴露在自然環境中的建築物。

優點：具有良好的防水防曬性能，能有效延長外牆的壽命，顏色選擇多樣。

缺點：需要定期維護重新塗裝，以保持其耐候性能。

施工流程：

- 清潔牆面：徹底清理牆面，移除污垢、霉菌和老化塗層。
- 補縫修裂：對牆面裂縫進行修補，確保表面平整。
- 塗料選擇：根據外牆特性選擇合適的耐候塗料。
- 塗裝施工：分層均勻塗裝耐候塗料，通常需要數遍以確保覆蓋均勻。

注意事項：選擇適合當地氣候條件的耐候塗料，價格因施作層數而定。

5. 金屬包覆工法

一種建築外牆裝飾和保護技術，通過將金屬材料覆蓋在建築表面，以提升建築物的耐久性、美觀性和防護性能。

優點：成本相對低廉，施工相對簡便，適合大面積施工。

缺點：需要定期維護，如重新塗漆防銹，且美觀性不如鋁板。

施工流程：

- 結構評估：確認建築結構能承載鐵皮包覆的重量。
- 尺寸測量與裁剪：精確測量需要包覆的區域，按需裁剪鐵皮材料。
- 表面處理：對鐵皮進行除銹、打磨，並塗上防銹底漆。
- 安裝固定：利用螺絲或鉚釘將鐵皮固定於預設的支撐結構上。

注意事項：施工前需確保鐵皮的品質和防銹處理，選用適合的固定方式以提高耐久性，並防止未來可能的滲水問題。

6. 鋁板包覆

通過將鋁板覆蓋在建築物的表面，以提升建築物的美觀性、耐候性和防護性能。

優點：重量輕、耐腐蝕、維護成本低，更適合現代建築風格。

缺點：初期成本高於鐵皮，施工要求較高，需要專業團隊執行。

施工流程：

- 結構檢查：評估建築是否適合進行鋁板包覆，確保結構強度。
- 測量與定制：根據實際需要進行精確測量，並定制鋁板尺寸和形狀。
- 安裝：通過螺栓或特殊夾具將鋁板固定在建築表面。

注意事項：選擇鋁板包覆時，考慮其與建築整體風格的協調性，並確保使用適合的連接和固定方式，以避免未來風雨中的損壞。

綜上所述，進行老舊透天拉皮工程時，從材料的選擇到施工工序的執行都需要專業的規劃和精細的操作。選擇合適的隔熱材料不僅能提升建築美觀，更能增強其節能效率和居住舒適度。專業團隊的參與，能確保翻新工程的質量與效果，為老舊透天注入新的生命力。

Chapter 4

老屋翻新實際案例分享

「翻新流程解析」

看完前幾個章節的裝修流程與工法差異，我們直接挑選一個案件來示範整個翻新流程，只有對每個步驟都深刻了解，才能在自己的家要裝修時，更進入狀況，案件的資訊欄位一併附上影片，讓閱讀加上影片說明，給予你身歷其境的體驗。

18 坪老屋成一家五口舒適好宅

室內坪數：17.5 坪
室外坪數：2.5 坪（前、後陽台）
原格局：2 房 1 廳 1 衛
居住人數：5 人 1 寵物

影音連結

踏進這充滿歲月感的老宅，屋內的牆面與天花板都因家中供奉的神明廳，染上油亮的深褐色，保存著超過 **40** 年的木門木窗，已經無法順利開關，家中大小雜物甚至到電視、電腦桌，都放置在地上與小桌子上，委託的男主人是一名公務員，希望在這小坪數公寓裡，改造成一家五口的宜居空間。

初次見面－場勘丈量

「虔誠」是我對這個案子強烈的記憶點，當天帶領團隊到案場場勘，一踏進屋內看到的是神明廳與客廳結合的格局，內部還有兩房一衛一廚房以及前後陽台，由於缺乏收納空間，日積月累的雜物都放置於地板上，可說是完全沒有地方可收納，隔間都是簡易木作來分隔，往裡走觀察了一下衛浴，由於早期沒有安裝排風設備，因此衛浴空間有明顯壁癌與霉斑，緊鄰衛浴旁的臥室也因防水層失效，由牆角滲漏出水漬，使得木地板也有塌陷狀況，最後是現有門窗皆為木門木窗，除了開關不順之外，同時也不具備隔音的效果。

改造前平面現況圖

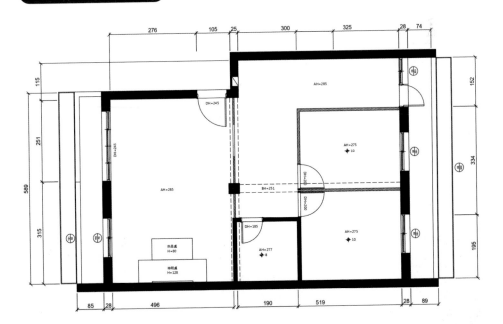

改造需求

1. 調整為 3 房 1 廳 2 衛
2. 保留神明廳及大型神桌
3. 全室門窗更新
4. 新增主臥衛浴
5. 每間房間皆有對外窗
6. 漏水整治

老屋評估關鍵

其實在了解需求的過程之中，屋主原本希望能隔成四間房間，透過原始現況圖（上圖）就能看的出來，如果要確保所有的生活機能，包含收納、動線、家具擺放皆考量進去的話，四間臥室是不可行的，所以協調完之後我們後續以三間臥室與開放式廚房結合客廳，以及獨立神明廳為主架構去規劃。

裝修前原況一覽

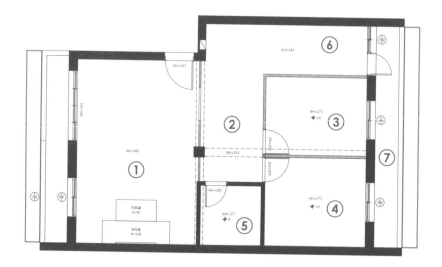

①原始客廳與神明桌。　　　　　②原始廊道與臥房及衛浴。

③ 原始次臥室。

④ 原始主臥室。

⑤ 原始衛浴。

⑥ 原始廚房。

⑦ 原始後陽台。

原始電箱。

屋況瑕疵一覽

左／屋內多處漏水嚴重壁癌。右／未設置排風系統及防水失效。

改造規劃討論

· 神明桌向前移動，活動鋁拉門區隔出神明廳
· 分隔出神明廳位置後，原有位置隔出主臥
· 原始衛浴門口轉向調整為主衛浴
· 新增客衛浴
· 電器櫃結合電視牆
· 隔出孝親房與次臥室

規劃後的平面配置圖

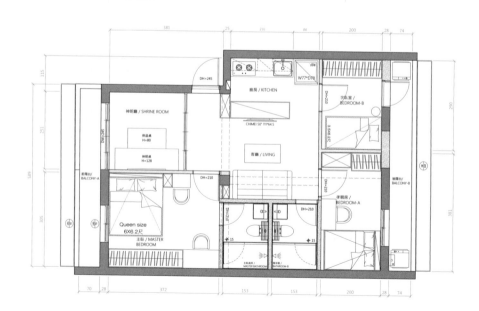

工程細部講解

拆除工程

由於全室除了原本的衛浴是紅磚砌牆之外，其餘隔屏皆為木作，所以我們工程完成之後幾乎就是全淨空，衛浴與前後陽台的部分全都打除見底，以便後續泥作工程砌牆銜接，臥室內原有的架高地板也都因濕氣有破損腐爛的現象，門窗移除後利用帆布與臨時門遮蔽，不讓粉塵飛揚影響附近居民。

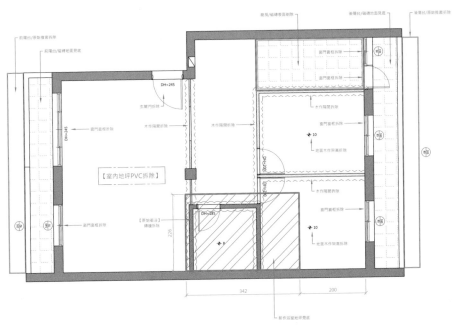

左／木作隔間移除 & 架設臨時水電。**中**／陽台磁磚剝除前。**右**／陽台磁磚剝除後。

左上／原始衛浴打除。**右上**／原始牆面壁紙刮除。**下**／全室淨空。

PS 以拆除來說，雖然木作隔間相較磚牆的拆除運棄量體來的少，費用上較便宜，不過進到隔間工程後，重隔的新作牆面量體與費用也會增加。

水電工程

在拆除之後，水電就開始佈置全室的電路與水路，臥室空間的常規配置是四個插座，以此案來說，有的空間大有的空間小，數量是依照屋主的習慣來做調整，全室翻新與局部翻新最大的不同在於，全數管線都希望透過翻新來達到全室暗管的配置，使原先裸露的管線重置並隱藏，美化整個空間。

左上、中上／衛浴給排水線路、排風路徑重新配置。**右上**／新配電箱的擴孔與安裝。**左下、右下**／全室燈具插座的配管配線。

門窗工程

大家可以看到照片內的窗框安裝上去之後，四周都還有間隙需填補，安裝流程是窗框與玄關門框先安置完之後，為了避免刮傷，待基礎工程都完工後，窗片與門片才進場安裝，還沒完成之前都是需用木作臨時門來讓工班進出。

左、中／原始窗戶拆除後先安置鋁製窗框。**右**／防火玄關門安裝。

隔間工程

因應本案的預算考量，除了衛浴使用砌磚隔間，其餘區隔臥室的部分我選用了輕隔間來做搭配，透過圖面展示可以看到，基本的框架也都成形，這裡有一點需要注意，只要屬於輕隔間的範疇，後續需要吊掛重物的牆面位置，都需要先經過角料或鐵板補強來加固。

隔間工程圖

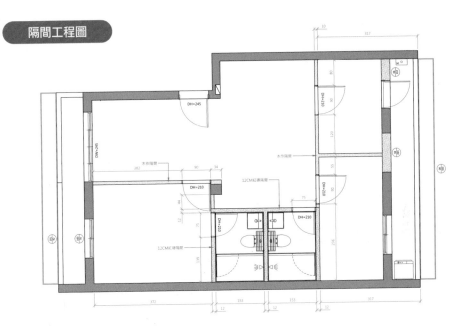

天花板工程圖

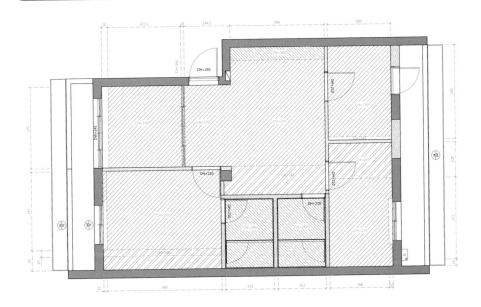

衛浴重建之泥作砌磚。

衛浴內牆打底及防水工程。

衛浴外牆打底粉光。

衛浴、陽台鋪貼磁磚。

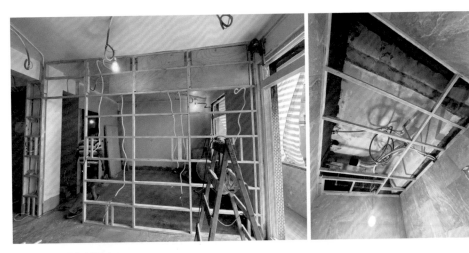

臥室木作隔間角料固定。

木作包管包梁。

矽酸鈣板封板。

其他木作工程

這次的案場我們採用訂製的木作門片與櫃體，包含了每間臥室的門片與衣櫃、在畸零或狹小空間的櫃體（玄關櫃、沙發旁間隙櫃）、電器櫃結合電視牆等，利用這些配置讓本就不大的空間，完整其機能性，臥室及廚具櫃則是用系統櫃訂製。

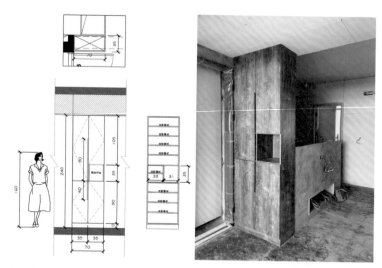

玄關木作鞋櫃。

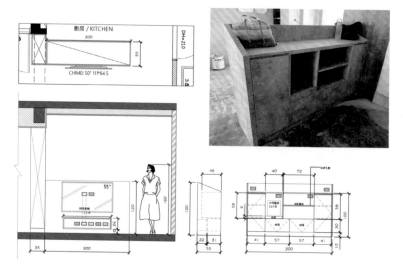

電視電器雙面櫃。

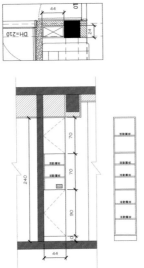

客廳收納間隙高櫃。

木作臥房、衛浴門。

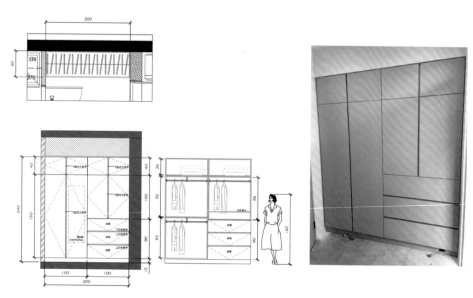

孝親房系統衣櫃。

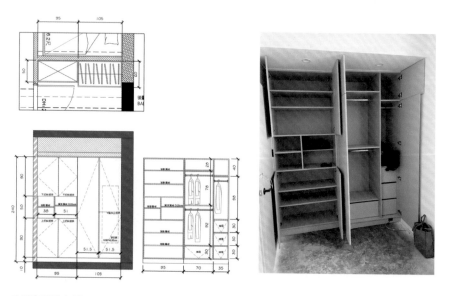

次臥室系統衣櫃。

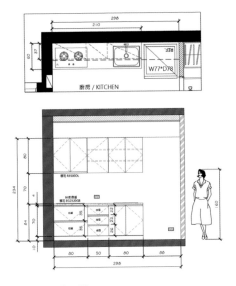

系統廚具上下櫃。

油漆工程

大家還記得原本被神明廳燻黑的空間嗎？如果家中原始的牆面因參拜已經有煙燻過的狀況，我們通常都會有一個前置作業，就是上一層封油底漆，與一般的底漆不同，油煙或是香燻過的污漬都屬於油性污漬，如果少了這個步驟，後續刷漆上色就會有吐色甚至過不了色的問題唷，如果是新作牆面的工序與材料就會有所不同。

> **施作工序**　全室調製底漆綁油底→噴塗面漆

調製底漆綁油底。

新作牆面與天花板之填縫、批土上漆。

地坪工程

根據經驗來説,老屋的地面平整度普遍都是不理想的,地面的條件不平整,如果再未鋪設夾板,或是全室泥作粉光的狀況下,只要有些許的高低差,都會影響到地板的壽命,而這些高低差幾乎是肉眼不可見的,所以沒有妥善配置整平地面方式,後續隨之而來的地板斷裂、卡扣斷裂都會發生。

施作工序 地坪打除見底→打底粉光→地板鋪設(根治作法)

原始地坪→鋪設木夾板→地板鋪設(保留原始地板作法,拋光石英磚與磨石子地板可直鋪)

全室鋪設木夾板整平。

地板鋪設。

完工照一覽

玄關

客廳

客廳

餐廳

臥室

主臥

主臥

廁所

影音連結

案例 2

36 坪老屋蛻變三代同堂孝親宅

home data

室內坪數：36.6 坪
室外坪數：5 坪
原格局：4 房 2 廳 2 衛
居住人數：5 人

此間是一戶非常寬敞的連棟式公寓，格局非常方正且採光條件很好，同為工程領域的屋主，遴選了幾間設計裝修業者後，決定交給我們施作，原本是家中長輩居住的空間，也是屋主成長的地方，目前在外居住希望透過翻新老家，重新打造三代同堂的孝親宅。

初次見面－場勘丈量

進入到這間公寓時，屋內基本已經搬遷完成，屋主表示自己工作繁忙，本身就已經計畫好要整頓這個家，提早就近找好臨時租屋處，等待裝修完成，剛打開大門進到前陽台，外牆是傳統的馬賽克磁磚，磁磚上有些許白華的現象，還有一個建商附的半圓型花台，室內的每個臥室，都由客廳的左右邊近入，廚房則是在客廳的正後方，由於坪數大及格局方正，只需要透過些微的格局調整就可以完善整個動線規劃，清點了瑕疵的部分共有三處漏水問題，我們研判外牆及樓上的排水都需要檢修，其中一間房間的板材，是使用台灣早期的建材 - 氧化鎂板，因為溼氣的關係呈現波浪狀的變形，以下為改造前的案場資訊。

改造前平面現況圖

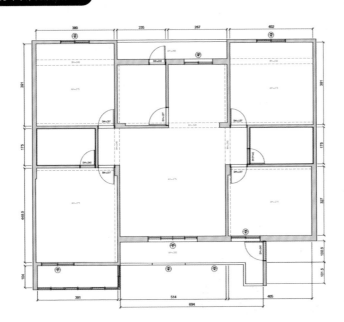

改造需求

1. 調整為 3 房 1 廳 2 衛 1 書房
2. 其中一間臥室改為辦公區
3. 全室門窗更新
4. 客臥衛浴希望洗手台外移
5. 每間房間皆有對外窗
6. 廚房空間拓寬
7. 漏水整治

老屋評估關鍵

這次與屋主聊天，才知道翻修的主要動機是希望與年邁的母親同住，除了特別交代衛浴的部分需要顧及安全、類無障礙的設計，讓她在使用衛浴時，盡可能透過建材與五金配件間接照護到長輩，另外屋主也帶著一張照片，是一間開了窗洞的書房，藉此穿透客廳的設計，希望能呈現在未來的家，在家辦公也同時照護母親。

裝修前原況一覽

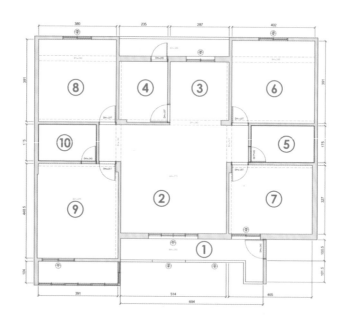

①原始前陽台。　　　　　　　　②原始客廳。

③ 原始餐廳廚房。

④ 原始廚房。

⑤ 原始客衛浴。

⑥ 原始臥室 1。

⑦ 原始書房。

⑧ 原始臥室 2。

⑨原始主臥室（孝親房）。　　　　　　⑩原始主臥衛浴（孝親房）。

屋況瑕疵一覽

左／前陽台雨遮滲漏。**右**／孝親房外牆滲漏。

左／孝親房氧化鎂板隆起。**右**／原始臥室 2 銜接後陽台處滲漏。

左／原始廚房天花板滲漏。**中**／後陽台滲漏。**右**／外牆磁磚青苔與開裂。

改造規劃討論

· 陽台需要有穿鞋椅
· 廚房空間需要擴大
· 書房希望能透過開窗通透感與採光
· 書房收納櫃與層架需求

· 外牆與室內滲漏整治
· 孝親房化妝桌與櫃體沿用
· 孝親房衛浴高齡友善規劃
· 客衛浴需要三件式規劃

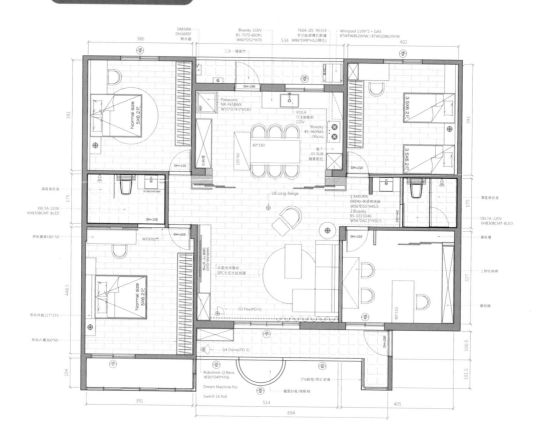

規劃後的平面配置圖

工程細部講解

拆除工程

因為這戶的格局方正，動線上原本就已分隔了公私領域，格局調整並不多，最顯著的差異是，原始廚房的隔間拆除與客衛浴更改洗手台的配置，退縮的牆面會需要拆除，書房的窗洞打鑿開孔，其餘就是門窗更新前的拆除作業，原有外牆因濕氣的關係，都有白華產生的現象，經過討論之後也是剷除處理。

窗框門拆除　　門組拆除　窗框門拆除　　　窗框門拆除
門框打大

【陽台地面見底】

DH=240

95

【室內地面見底】

【室內地面見底】

牆面剝磚

300

木門拆除
H=210

木門拆除
H=210

DH=197

DH=197

DH=197

【浴室地壁見底】

208

木門拆除
H=210

木門拆除
H=210

【浴室改小-地壁見底】

DH=240

DH=197

115

DH=H0

209

100

磚牆拆除

磚牆拆除

DH=197

門洞加大

【室內地面見底】

木門拆除
H=210

【室內地面木地板拆除】

磚牆開窗
H=110(半腰牆保留)

289

【室內地面見底】

壁癌
表面剝除　　木作櫃保留

落地窗拆除

窗框門拆除

落地窗拆除

【陽台地面見底】

雙玄關門拆除

DH=240

【陽台地面見底】

女兒牆上/窗框門拆除

窗框門拆除

左／陽台地壁磚打除見底。**右**／客餐廳與廚房打通。

左／廚房拆除見底。**右**／窗洞打鑿開孔。

水電工程

與一般住宅不同的是客衛浴把洗手台的部分外移,大部分的屋主裝修通常都是居住成員調整,基本上都是增加人數,像是小朋友的出生、長輩接回同住就近照護,都會讓衛浴使用的頻率變高,試想一到上班上課時間,大家都搶著用廁所,大家都擠成一團的狀況,為了解決此問題才討論出來的規劃,另外屋主在過去也飽受插座數量與插座高度不符合現今生活使用的困擾,所以規劃上也有針對用電設備的數量與高度來做討論與配置。

電路規劃圖

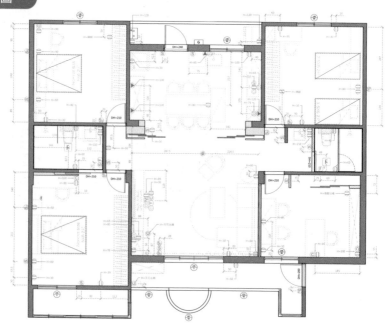

全屋給水走上配管的設計。　全室插座／燈具 重新配管配線。

左、中／統整電量需求後電箱更新。**右**／衛浴配管配線。

左／申請台電的電力加大。**右**／增設抽水馬達增強室內水壓。

泥作工程

回顧在規劃討論時,屋主對木質的磁磚情有獨鍾,我們安排在前後陽台都使用木紋地磚來鋪設,而衛浴的部分,選用的是水磨石與較有質感的石紋磚鋪設,室內地坪因為有剃除原有的地板發現平整度不佳,全室皆有用泥作粉光整平處理,為後續的地板鋪設做準備。

左1、左2/前後陽台鋪設木紋磚。**右1、右2/**老屋牆體歪斜泥作修補整平。

全室泥作打底粉光。　　　　　　　　水電管溝填補與打底。

磁磚鋪貼過程。

空調工程

此項工程在整個翻修的過程裡是循序漸進的，在水電管線佈設的同時，空調業者會先行放置冷氣銅管，待木作將管線都包覆、美化之後，油漆塗刷完成再裝室內機，而室外機的安排只要條件允許，都建議有鐵窗或鐵欄杆保護，確保後續維護保養的施工安全性，在此順帶提醒每位屋主，若是冷氣室外機的放置位置，周圍無相關安全保護措施或條件，也會影響冷氣業者的維修意願。

冷氣銅管配置。

室外機鐵欄保護。

室內機安裝完成。

木工工程

此間木工工程為預算分配比重較高的項目,並不是有許多木作造型,而是客製化的櫃體收納與其他工種的設計需求使用,比方說書房的窗洞與活動層板、上掀桌板,廚房拉門軌道與包柱,客廳則是弧形電視牆,前陽台改造花台使用了南方松製作的穿鞋區,共同項目就是全室的臥室門、天花板、包管、冷氣盒帽蓋與窗簾盒,只要坪數越大,共同項目的施作面積也會同時增加。

天花板施工圖

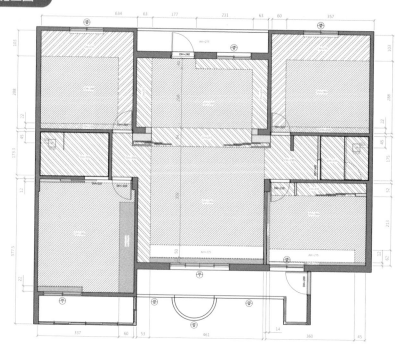

包管與增設天花板。

掛重木作補強。

左1、左2／冷氣帽蓋與窗簾盒＆維修孔。**右1、右2**／廚房鋁拉門軌道與收納櫃結合。

左1、左2／訂製木作門框與門片。**右1、右2**／書房活動層架。

書房窗洞木窗。

木作電視牆。

弧形花台改造穿鞋區。

油漆工程

還記得一進門的前陽台，在屋況瑕疵的
紀錄裏外牆有白華現象，本次油漆分成
室內空間乳膠漆與室外陽台防水塗料，
白華的現象判定非漏水導致，所以我們
就用外牆專用的防水塗料來處理，而本
次屋主希望全室使用乳膠漆來施作，
「綠色建材」、「健康無味」、「防霉
抗菌」、「顏色飽和」等都是乳膠漆的
優勢，如果預算充裕的屋主們翻修時也
建議使用，電視牆則是採用仿清水模的
藝術塗料。

全室 AB 膠填縫。

電視牆藝術塗料。

室內透批打磨。

左1、左2／外牆防水塗料。**右1、右2**／梯間塗刷。

系統櫃與石英石檯面工程

每每到系統櫃工程，就不得不佩服這些師傅，工程開始之前第一步就是先進料，正因為每一片板材都是板材廠量身訂做並裁切，所以現場的每一片幾乎都不同，一不小心就容易搞混或是尺寸誤差，量體大的時候真的非常壯觀，而這時候所有的五金絞鍊與需要結合的電器設備都要到位才能順利安裝，另外再中島檯面與廚具櫃檯面採用石英石的材質，雖然造價是人造石的一倍以上，不過屋主十分重視檯面品質，喜歡同家人一起下廚，因此特別撥預算在檯面上，L型的廚具櫃除了常規的抽盤、抽屜也幫屋主安排轉角小怪物與調味料收納拉籃。

櫃體板材進料。

廚具櫃桶身安裝。

轉角小怪物安裝。　　　　　　抽屜與側拉籃安裝。

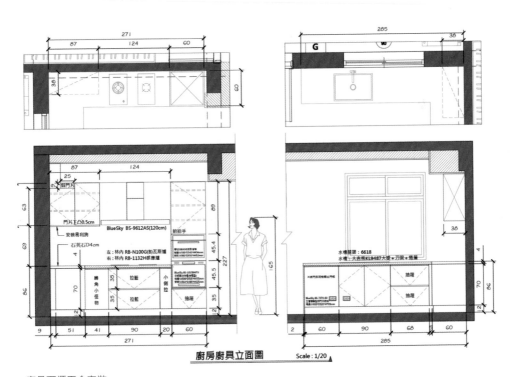

廚房廚具立面圖　　Scale : 1/20

廚具下櫃五金安裝。

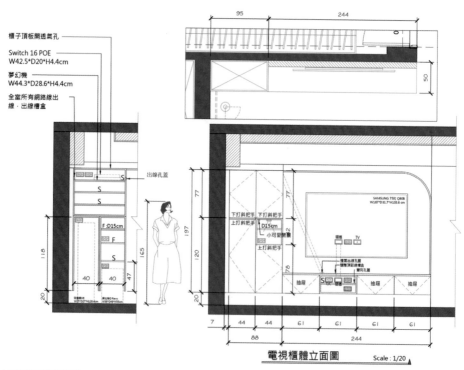

櫃子頂板開透氣孔

Switch 16 POE
W42.5*D20*H4.4cm

夢幻機
W44.3*D28.6*H4.4cm

全室所有網路線出
線 · 出線槽盒

出線孔蓋

電視櫃體立面圖　　Scale : 1/20

電視櫃與機櫃安裝。

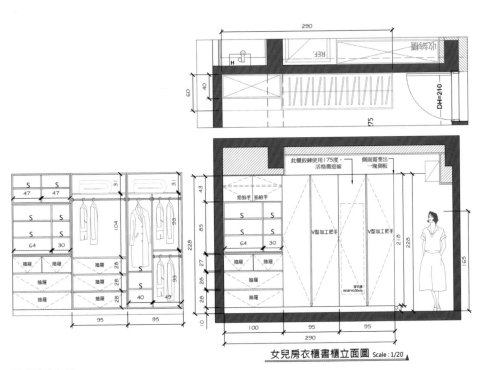

女兒房衣櫃書櫃立面圖 Scale : 1/20

臥室系統衣櫃。

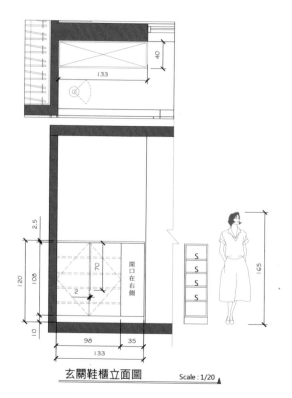

玄關鞋櫃立面圖　　Scale : 1/20

陽台系統鞋櫃。

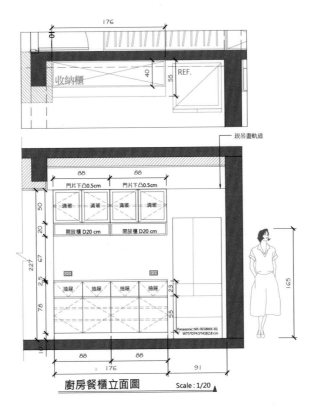

廚房餐櫃立面圖　Scale : 1/20

廚房系統餐櫃。

地坪與鋁框拉門工程

同泥作工程提到過，屋主對木紋的熱愛，本次選用 SPC 的木紋地板，而且是全室單一色系，部分的客戶與屋主會把公私領域用不同的顏色做區隔，但如果想要讓整體空間視覺感放大、更寬敞，單一色系的地板就可以達到這個效果，前期泥作已經做過打底粉光整平，就不需要再鋪墊夾板來防止高低差，此案是老屋配置裡，預算比較充足的作法，最後我們在廚房與客廳做了一個非常大的鋁框拉門，可以隨時切換烹飪空間或開放式廚房，來達到空間利用與通透兼具的特性。

臥室與臥室地板。　　　　　　　　　　鋁製拉門阻隔油煙。

完工照一覽

客廳

廚房

書房

小孩房

臥房

主臥（孝親房）

主臥浴室

客浴

Solution Book 164

翻你的老屋：

教你從買屋、翻修前準備到基礎工程細節一次搞懂

作者	老宅改造師Hiro	發行人	何飛鵬
責任編輯	許嘉芬	總經理	李淑霞
美術設計	Pearl	社長	林孟葦
插畫繪製	黃雅方	總編輯	張麗寶
		叢書主編	許嘉芬

出版	城邦文化事業股份有限公司麥浩斯出版
地址	115 台北市南港區昆陽街16號7樓
電話	02-2500-7578
E-mail	cs@myhomelife.com.tw
發行	英屬蓋曼群島商家庭傳媒股份有限公司城邦分公司
地址	115 台北市南港區昆陽街16號5樓
讀者服務電話	0800-020-299
讀者服務傳真	02-2517-0999
E-mail	service@cite.com.tw
劃撥帳號	1983-3516
劃撥戶名	英屬蓋曼群島商家庭傳媒股份有限公司城邦分公司
香港發行	城邦（香港）出版集團有限公司
地址	香港九龍土瓜灣土瓜灣道86號順聯工業大廈6樓A室
電話	852-2508-6231
傳真	852-2578-9337
馬新發行	城邦（馬新）出版集團Cite(M) Sdn.Bhd.
地址	41, Jalan Radin Anum, Bandar Baru Sri Petaling,57000 Kuala Lumpur, Malaysia.
電話	603-9057-8822
傳真	603-9057-6622
總經銷	聯合發行股份有限公司
電話	02-2917-8022
傳真	02-2915-6275
製版印刷	凱林彩印事業股份有限公司
版次	2024年06月初版一刷
定價	新台幣550元

Printed in Taiwan

國家圖書館出版品預行編目(CIP)資料

翻你的老屋：教你從買屋、翻修前準備到基礎工程細
節一次搞懂/老宅改造師Hiro作. -- 初版. -- 臺北市：
城邦文化事業股份有限公司麥浩斯出版：英屬蓋曼群
島商家庭傳媒股份有限公司城邦分公司發行, 2024.06
　面；　公分. --（Solution book ; 164）
ISBN 978-626-7401-73-6（平裝）

1.CST: 房屋　2.CST: 建築物維修　3.CST: 建築工程
4.CST: 施工管理

441.528　　　　　　　　　　　　　　113007208